現代によみがえる おおむら義犬華丸ものがたり

大村市、動物愛護による歴史観光宣言!

歴史観光宣言 in おおむら

第21代大村市長　松本　崇

　大村市では、平成18年に「歴史を活かした観光振興計画」を策定して以来、「人・まち・歴史・自然が輝く観光交流都市『おおむら』」を将来像に掲げ、交流人口の拡大を図ってまいりました。平成34年春には九州新幹線長崎ルートの開業も予定されており、空港や高速道路、新幹線と交通の利便性をセールスポイントに、今後いっそうコンベンション誘致ならびに観光客誘致に努めてまいります。

　平成27年6月に「義犬華丸（ぎけんはなまる）」365回忌を記念して、「華丸」をイメージした愛らしい石像が、大村家の菩提寺である本経寺境内に建立されました。

　「華丸」は、第3代大村藩主・大村純信（おおむらすみのぶ）の守役（もりやく）や家老を務めた小佐々市右衛門前親（こざさいちうえもんあきちか）の飼い犬で、主人である前親の死に際し、みずから火葬の火のなかに飛び込んだといわれています。「華丸」の主人を思う義心に感じ入った当時の人びとは、前親の墓碑の隣に小さな墓を建てて葬りました。

　このことは、江戸時代初期の大村藩に犬を大切にする文化があったことを示しており、動物愛護の貴重な史跡として大変意義があります。このような歴史的背景を大切にし、広く市民に生命の尊さやぬくもり、人と動物のきずなの大切さを認識していただき、動物愛護の精神と自然保護を広く周知していく必要があると考えます。

　本市におきましても、動物愛護思想の普及啓発の推進、狂犬病予防接種や動物感染症予防啓発、ならびに動物愛護と人間の絆を深めることを目的とした犬のしつけ教室など、関係機関、団体と連携しながら、取り組んでいるところです。先だって開催された、歴史ウォーキングと愛犬しつけ教室を組みあわせた「義犬華丸さるく」は、全国でもあまり例をみない試みでした。歴史と自然に触れ、愛犬家ファミリーどうしの交流を図ることもできる、大村市の新しい観光振興計画の実現にふさわしい事業だと自負しております。

　見る観光から「癒し」「学び」「ふれあい」などを求める体験型観光へと、人びとのニーズが変化していくなか、四季折々の美しい自然豊かな観光施設が数多く存在する大村市を、自然や愛犬と一緒にふれあうことができる癒しの場所として、全国に情報発信していきたいと思っております。

　このたびの「義犬華丸」顕彰碑の建立をひとつの機会とし、大村市は「動物愛護による歴史観光宣言」を発表させていただきました。

長崎県の中央に位置する大村市。
キリシタン遺構や城下町の趣きが残るこの町に、新たな役割が加わった。
目指すは、ヒューマンアニマルボンド（人と動物の絆）の聖地である。

動物愛護の聖地を目指して
おおむらの新マスコットキャラクター！

「義犬華丸（ぎけんはなまる）くん」と
「美犬華子（びけんはなこ）ちゃん」を
よろしくね！

「義犬華丸（ぎけんはなまる）」を活かした動物愛護による歴史観光宣言

一、「義犬華丸」の遺志を受け継ぎ、
　　動物愛護思想の普及啓発の推進に取り組んでまいります。

一、新たなマスコットキャラクター「義犬華丸くん」と「美犬華子ちゃん」を活用し、
　　観光PRに努めてまいります。

一、「動物愛護の聖地」として、人と動物が共生する癒しの街づくりを、
　　市民とともに目指してまいります。

平成27年6月20日

第21代大村市長　松本 崇

（松本崇氏は平成27年（2015）9月25日に急逝されました。）

第1章
「義犬華丸」と本経寺

小佐々市右衛門前親と愛犬華丸の墓

小佐々前親は二十一代(三代藩主純信公の傅役で家老純信公が三十三歳の若さで江戸表で急逝の悲報に接し、前親は自ら守り育てた公の死を嘆き追慕して殉死したさらに前親の茶毘の時、愛犬が後を追い火中に飛び込んで果てた。落主に殉じた忠臣と、主人に殉じた愛犬の死を供養するため、前親と華丸の墓が立てられた華丸の墓には百三十二文字に及ぶ漢文の甲碣が刻まれており、主人と愛犬の交情が見事に活写されているこれは慶安三(一六五〇)年のことで、日本最古の史実に燦明をみない稀めて貴重な記念碑である

日本最古の史実の犬の墓碑

大村藩3代藩主・大村純信(おおむらすみのぶ)に仕えた小佐々市右衛門前親(こざさいちうえもんあきちか)と愛犬「華丸」。その固い絆は、死後365年を隔ててなお、現代に生きる私たちに雄弁に語りかける。

大村藩3代藩主に仕えた小佐々市右衛門前親の墓碑(左側)と義犬華丸の墓碑(←矢印)

◆前親(あきちか)墓碑に寄り添う華丸の墓

　大村家菩提寺である本経寺の大村家墓所には、見るものを圧倒する巨大墓碑群が建ち並ぶ。その一角、大村藩3代目藩主・大村純信の6メートルもの高さにそそり立つ墓碑の脇に、その家老であった小佐々市右衛門前親の墓が建てられている。

　藩主のものより小さいものの、それでも3メートルほどの墓碑の横には、大人の腰ほどの小振りの墓がある。これは、純信公に殉死した前親を葬る火葬の炎に飛び込んで死んだ、といわれている前親の愛犬「華丸」のものだ。主人に尽した、義臣と義犬の墓が仲良く並んでいる日本最古の史実の犬の墓碑である。

◆「義犬華丸」とは？

小佐々 学

　華丸は肥前国大村藩（現在の長崎県大村市や西海市など）の3代藩主大村純信公の幼少年期の守役（傅役）で、家老であった小佐々市右衛門前親が飼っていた愛犬で、犬種は雄の狆でした。

　純信公が33歳で急逝したという悲報を聞いた前親は、慶安3年（1650）6月18日に自分が守り育てた公の死を悼んで、大村市古町にある菩提寺の萬歳山本経寺で追腹（切腹）して殉死しました。さらに、前親の荼毘（火葬）の時、愛犬の華丸は主人の死を嘆き悲しんで泣き、その炎の中に飛び込んで後を追って死んだのです。

　この華丸の心を憐れんで、これらの事実を漢文で刻んだ華丸の小型墓碑が、本経寺の「義臣前親」の大型墓碑の隣に並んで建てられ、「義犬華丸」とたたえて丁重に弔われました。（P36参照）

　動物愛護史の研究によれば、「義犬華丸」の墓碑は日本最古の史実（歴史上の事実）の犬の墓であり、また犬公方と呼ばれた、五代将軍徳川綱吉が発令した「生類憐みの令」より35年前、忠犬ハチ公の墓の285年も前のことだったのです。さらに、本経寺の古墓所にある義犬華丸の墓碑は主人の前親の墓碑などとともに国の史跡にも指定されています。

　義犬華丸の史実から、大村市は「日本の動物愛護発祥の地」であり、また「世界のヒューマン・アニマル・ボンド（人と動物の絆）の聖地」といえるのです。

　平成27年6月の大村市での義犬華丸365回忌顕彰記念祭では、前親の子孫である小佐々氏会により、本経寺の本堂前広場の藤棚の下に義犬華丸顕彰記念碑（顕彰墓碑と石像）が建立されました。

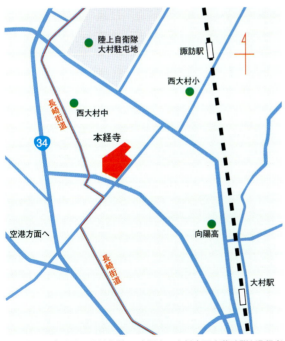

本経寺の所在地図　長崎街道は、本経寺の大村家巨大墓碑群を通行者に見せつけるように通っているのがわかる

そびえ立つような3代藩主純信公の墓碑

大村の宗教史と本経寺

キリスト禁教とキリシタン弾圧の風潮が強まるなか、キリシタン大名大村純忠の長男・喜前(よしあき)は、領民に先立ってキリスト教を棄てて日蓮宗に改宗、本教寺を建立した。

江戸後期に建築された重厚な本堂。大ソテツは大村市の天然記念物に指定されている

◆改宗の証としての本経寺

大村は、藩主大村純忠が永禄6年(1562)に日本で初めて洗礼を受けたことにより、藩全体がキリシタンであった。その当時キリシタンたちにより、領内にある神社と寺院が破壊されている。その大村の地で、最初に復興された寺院が本経寺だ。日蓮宗への改宗や本経寺建立においては、肥後(現・熊本県)の加藤清正の助言があったといわれる。

この後、領内に大村八ヶ寺と称される末寺が次々に建立され、「大村法華」と呼ばれ栄えた。併設されている大村家墓所には、改宗をアピールする巨大な墓碑が立ち並んでいる。

建立当時のものは安永7年(1778)の火災により消失し、現存の本堂は天明7年(1787)に再建されたものある。

通りに面した長い白塀は「百間塀(ひゃっけんべい)」と呼ばれる

● 特別インタビュー
本経寺先代住職(第三十四世) 佐古亮尊(さ こりょうそん) さん

「皆さん、華丸像に会いにきてください」

◆京都の大寺院並みの壮大さだった本経寺

　本経寺がある古町は、キリシタン時代には大村純忠の居城、三城城のお膝元で、大村の中心地でした。そのため、寺前の道路は下馬道(敬意を表すため馬から降りて通るべき道路)で、建物の出入り口も通りに面していない裏側に造られていたそうです。そのころここは教会だったのですが、それ以前も僧坊があったといいますから、なにがしかの聖地だったのでしょう。

　キリスト教からの改宗を広く知らしめるためだったのでしょうが、本経寺はこんな田舎に不釣り合いなほど大きく立派に建てられました。肥後の加藤清正公の援助もあったとはいえ、大村藩の財政でどうやってこれほどのものを造ったかと思います。間口9間奥行き12間の本堂は、京都あたりの大寺院並みの造りです。地面から柱の跡が見つかり、敷地も現在より広大だったことがわかっています。

◆国指定史跡・本経寺大村藩主大村家墓所

　大村家墓碑群は、昭和39年(1964)から長崎県の有形文化財だったのですが、平成16年(2004)に国指定史跡となりました。さまざまな手続きは大村市が中心に動いてくださったので、寺としてはそれほど負担はなかったのですが、なにしろ申請に時間がかかります。

　今回の顕彰碑建立にあたっても、国とのやりとりが大変でした。大切な史跡ですから保存しなければならない。台風などで壊れても、勝手に補修するのが難しいのです。大村家墓所には灯籠が倒れたり石垣が崩れかけているところもあります。その中に人が入らないで「華丸」を参拝できるようにと新たに建てることになったのですが、関係者の方々はいろいろと苦労されたようです。

◆もっと「華丸」を知ってほしい

　「華丸」像が完成し、それを見に訪れる人も少しずつ増えています。それでも、まだまだ知られていないようです。子どもたちが集まって、撫でてくれたら嬉しいですね。石なのにスベスベで、とてもよくできています。

　キリシタン大名の城下町だったり、長崎街道沿いだったりした昔と比べて、現在はそれほど賑やかな地域ではありませんが、本堂でコンサートを開催するなど、一般の人びとにも門戸を開いています。

　「華丸」のことが広く知られて、多くの皆さまから親しまれることを願っています

本堂の内部。歴史の重みと荘厳な雰囲気に圧倒される

特別寄稿

大村藩の社寺再興と本経寺の役割

富松神社宮司・文学博士　久田松和則

江戸後期の建築が残る本経寺

1. 経験した2度の宗教的嵐

　明治元年（1868）に出された神仏分離令によって、全国の数多くの寺院は、大きな変革を迫られました。神仏分離が過激になったところでは、寺が破壊される廃仏毀釈（はいぶつきしゃく）という現象に及んだこともあります。奈良の興福寺という名刹でさえ、僧侶はすべて近くの春日大社の神職となり、もぬけの殻となったお堂等は売りに出されるという噂も流れるほどでした。

　この全国的な宗教政策は当然この大村地方にも及び、宝円寺・円融寺・観音寺・聖宝寺といった名だたる寺院が姿を消していきました。

　しかし大村地方には、実はもうひとつの宗教体験がありました。この神仏分離（廃仏毀釈）より300年程前、大村領内に広くキリスト教が入った結果、神社仏閣がことごとく焼かれて、神仏信仰が壊滅されてしてしまいました。このように大村地方は、2度の大きな宗教的変革を体験したのです。

　大村家菩提寺であり、小佐々市右衛門前親（こざさいちうえもんあきちか）の飼い犬（碑文には家犬と記される）の顕彰碑建立の場所となった本経寺が、このような大村地方の宗教的事情のなかで果たした役割について、少しばかり述べてみたいと思います。

2. 天正2年の社寺焼き打ち事件

　天正2年（1574）という年は、大村地方の歴史、とくに宗教を考えるときに極めて重要な年です。大村純忠がキリスト教を領内に取り入れてから12年が経っていました。この年に大村地方では、いっせいに神社仏閣が焼き打ちされるという一大事件が起こります。その数は40の寺院と17の神社に及びました。

　そのとき現在の本経寺の場所には、普門坊、のちに日蔵坊という修験道つまり山伏のお堂が建っていましたが、もちろんこの僧坊も焼き打ちに遭います。そしてその場所には「耶蘇大寺」（やそ）が建てられたと記されています。山伏の僧坊から、キリスト教の教会が建つ場所に代わったわけです。

大村宗教史年表

時代	西暦（元号）	日本の主なできごと	大村キリシタンの歴史
室町時代／戦国時代	1533年（天文2年）		大村純忠、有馬晴純の次男として生まれる
	1543年（天文12年）	鉄砲伝来	
	1549年（天文18年）	キリスト教伝来	
	1550年（天文19年）	ポルトガル船が平戸入港	純忠、大村家を相続する（領主になる）
	1560年（永禄3年）	桶狭間の戦い	
	1562年（永禄5年）		横瀬浦を南蛮貿易港として開港
	1563年（永禄6年）		純忠、キリスト教に改宗する
	1564年（永禄7年）		純忠、三城城に移る
	1565年（永禄8年）		南蛮貿易港として福田を開港
	1570年（元亀元年）		純忠夫人、長男・喜前がキリスト教に改宗
	1571年（元亀2年）		南蛮貿易港として長崎を開港
	1573年（天正元年）	室町幕府が滅びる	
	1574年（天正2年）		大村領内の寺社がすべて破壊される
安土桃山時代	1580年（天正8年）		純忠がイエズス会に長崎、茂木を寄付する
	1582年（天正10年）	本能寺の変	天正遣欧少年使節、長崎を出発
	1584年（天正12年）		少年使節、スペインでフェリペ2世に謁見
	1585年（天正13年）		少年使節、教皇グレゴリウス13世に謁見
	1587年（天正15年）	豊臣秀吉、伴天連追放令を発布	大村純忠没（55歳）
	1590年（天正18年）	秀吉が天下を統一する	少年使節、8年5ヵ月ぶりに帰国
	1597年（慶長2年）	長崎の西坂で26聖人が殉教	
	1599年（慶長4年）		大村喜前、玖島城築城
	1600年（慶長5年）	関ヶ原の戦い	
江戸時代	1603年（慶長8年）	徳川家康、江戸幕府を開く	
	1605年（慶長10年）		喜前、宣教師と断交
			本経寺創建
	1612年（慶長17年）	幕府、直轄領にキリシタン禁教令	
	1616年（元和2年）	ヨーロッパ船来航を平戸・長崎に限定	
	1617年（元和3年）		帯取で宣教師2名が処刑される
			鈴田牢に宣教師ら30名が幽閉される
	1624年（元和10年）	スペイン船の来航禁止	
	1637年（寛永14年）	島原・天草一揆が起こる	
	1639年（寛永16年）	ポルトガル船来航禁止	
	1641年（寛永18年）	オランダ商館が出島に移される	
	1657年（明暦3年）		郡崩れ事件

〔参考：「キリシタン巡礼マップ」（大村市パンフレット）〕

大村家の系図（中世末期以降）

（諸説あって不明）

- 純治（すみはる）
- 純伊（すみこれ）
- 純前（すみあき）
- 純忠（すみただ）　有馬氏より養子／初のキリシタン大名
- 初代藩主　喜前（よしあき）　日蓮宗に改宗／「大村家中興の祖」
- 2代藩主　純頼（すみより）
- 3代藩主　純信（すみのぶ）
- 4代藩主　純長（すみなが）
- 5代藩主　純尹（すみまさ）
- 6代藩主　純庸（すみつね）
- 7代藩主　純富（すみひさ）
- 8代藩主　純保（すみもり）
- 9代藩主　純鎮（すみやす）
- 10代藩主　純昌（すみよし）
- 11代藩主　純顕（すみあき）
- 12代藩主　純熈（すみひろ）　最後の藩主

〔参考：「おおむらの史跡」（大村市パンフレット）〕

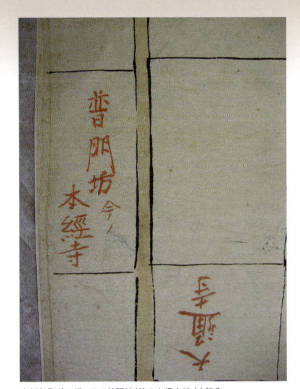

大村館町絵に描かれる普門坊（後の本経寺境内）部分

　その後、大村駐在の宣教師となったアフォンソ・デ・ルセナという宣教師は、社寺焼き打ちから11年が経過した1585年、領内には87の教会が建っていると記しています。大村領内では神社仏閣が完全に姿を消し、その代わりに87の教会が建つという、日本の宗教史上でも他に類をみない希有な光景が現出されたのです。

　このようなキリスト教一色の時代が約30年ほど続いていきます。

3. 社寺再興の初例となった本経寺

　しかし、「キリスト教宣教師たちには、日本の領土を侵略しようという野望がある」、あるいは「キリシタン信者は、その地を治める領主よりもキリスト教の神ゼウスに絶対的に服従をして、封建制度という社会体制には不具合だ」という観点から、世情はしだいにキリシタン禁教に向いていきます。

　慶長5年（1600）の関ヶ原合戦で勝利した徳川政

村名	大村地区						小計	周辺諸村				合計
	久原分・池田分	竹松村	福重村・松原村	萱瀬村	鈴田村	三浦村		千綿村・彼杵村	波佐見村	宮村	浦上村	
神社	4	3	1	2	1	1	12	0	2	2	1	17
寺院	13	5	12	3	0	0	33	3	1	1	2	40

大村と周辺諸村の被災社寺(『大村史―琴湖の日月』(筆者著)より)

権がキリシタン禁教を勧めるなかで、大村純忠亡き後の最初の大村藩主となった大村喜前(よしあき)は、非常に厳しい立場に立たされます。そして喜前が選んだ道は、キリスト教を捨て、以前のように領内に神社仏閣を復興させることでした。

大村喜前による神社仏閣の再建復興がいつ頃から始まったのか、いくつかの史料がその時期を記すなかでも、1612年(慶長17)の『イエズス会日本年報』に、

　大村に幾つかの偶像寺院を建立して、仏僧たちがいるようになって7年程になろうが、(後略)

とある記事がもっとも信頼できるものだと考えられます。1612年から遡ること7年ほど前に、大村地方には寺院が建立され、仏教の僧侶の姿が見られるようになったというのです。1605年、つまり慶長10年ごろから、大村領内で寺院の再興がはじまったと考えていいでしょう。

その先頭をきって建立されたのが、実は本経寺でした。本経寺建立にあたっては、加藤清正が建立した肥後熊本の本妙寺から僧侶が派遣されていることから、この加藤清正の勧めがあったことは明かです。

加藤清正については、宣教師達も記録を残していますが、レオン・パジェスは、『日本切支丹宗門史』に

　法華宗の頭目となってからは、彼は公然とイエズス会、キリストの教の敵たる事を名乗り出た

と記し、加藤清正が亡くなった翌年の1612年『イエズス会年報』(慶長17年)には、

　私たちの信仰にとって彼より大いなる敵はいなかった。そして新たに大迫害を再開しようと考えた矢先に亡くなった

とも記され、加藤清正とキリスト教は、相容れない敵対関係にあったことがわかります。

こういった事情で大村藩に導入された日蓮宗またその寺院・本経寺は、対キリスト教を意識し、キリスト

JR大村駅の近くにある白竜山長安寺　　　　長崎街道沿いに建てられた専念山正法寺

多羅山宝円寺は明治期に廃寺となり、その一部が多羅山大権現熊野神社となって残る

富松神社の境内にある長月庵若翁の句碑

教を一掃する目的で建立された寺院である事は明らかです。

　本経寺の建立以来、堰を切ったように、日蓮宗の妙宣寺、浄土宗の長安寺、浄土真宗の正法寺、波佐見村の東前寺が建立されていきます。本経寺が建立されて約60年が経過した1670年頃には、大村藩の各村々に41の寺院をみることができます。

　こういった多くの寺院がよみがえるなかで、本経寺と池田の山にあった宝円寺は、領内寺院のなかでも肩を並べる双璧でした。本経寺は藩主大村家の菩提を弔う菩提寺として、一方の宝円寺は大村藩全体を護る鎮護の寺院として、大村家という私、大村藩という公とを、それぞれを分けもつ寺院として棲み分けされています。

　宝円寺は大村藩という公での祈を捧げる寺院であったため、藩内の各家々から銭3文を徴収し寺院維持の費用に充てています。当時、蕎麦が16文ですから、その5分の1つまり60円くらいにあたります。

4. 本経寺と地域社会

　本経寺が、地域社会や江戸時代の人々とどのような関わりをもってきたのか、この点に触れてみたい思います。

　本経寺に多くの民が集う機会としては、盆踊りがありました。現在の盆踊りは、町内会毎に町内の公園で町民の親睦という意味からおこなわれています。しかし、もともと盆踊りは、亡くなった人の霊を慰めるための念仏踊りですから、江戸時代には寺の境内でなされるものでした。盆踊りのことを「中元踏歌」とも呼びます。「中元」というのはお盆の時期

武家屋敷の雰囲気を残す石垣が続く現在の小姓小路

を指し、「踏歌」というのは足で「踏む歌」と書きます。まさに字のとおりに足で地面を踏む、そういった踊りです。宮中では古い時代から、正月四日の新年行事として、この踏歌がおこなわれてきました。

　本経寺で舞われた盆踊りの振り付けは、おそらく足で地面を踏みつけるこの所作が基本で、それになにか手の振り付けが加わった踊りかと思われます。毎日毎日農作業に追われていた当時の人々が、日ごろの重労働を忘れて束の間の悦びに浸る、そういった場所でした。当然、そこには男女の出会いもあったことでしょう。

　そのほかにも、本経寺境内で、旱魃(かんばつ)に対する雨乞いの相撲がおこなわれることもありましたし、また時には、犯罪を犯した者が切腹を果たすおぞましい場所となることもありました。

　私にとって、本経寺での忘れ得ない思い出があります。もう30年ほど前のことです。

　若いころに、大村出身の長月庵若翁(じゃくおう)という俳句の師匠を追跡したことがあります。

　この人物は大村藩士でありながら、28歳で脱藩して全国を行脚し、晩年には全国でも十指に入る俳人として大成した人物です。ところが若くして脱藩したために、大村の地元に残る史料はほとんどありません。そこで、城下に住む武士の大半は日蓮宗の檀家でしたから、若翁の父親が本経寺の過去帳に記されていないかと、本経寺で過去帳を調べました。

　すると案の定、「大村太左衛門徳祗」という若翁の実父の名前がみつかりました。亡くなった年月が延享4年(1747)5月であり、屋敷を構えた場所が小姓小路(こしょうこうじ)と判明したのです。

若翁実父・大村太左衛門徳祇墓(小姓小路墓地)

立されたものです。

捕鯨は「一頭取れば七つの浦が潤う」とまで言われた一大産業です。その鯨に対して、多大な恩恵を感謝し鎮魂を願った供養塔です。鯨を仕留める際、勇敢にも鯨の背中に乗った羽差(はざし)という鯨漁師は、「南妙法蓮華経」を3度唱えてとどめを刺したといわれます。ここでも、鯨をたんなる獲物として扱うだけでなく、その命をいただく祈り・儀式をおこなっています。

また、大村地方の辻々には、農作業の大きな手助けとなった牛馬に感謝する馬頭観音(ばとうかんのん)という石像がよく祀られています。

これら動物に関わる石碑や石像をとおして、我々の先祖が、動物に対しても人と同じように魂があるものとして接し、その命を慰める、労うという気持ちをもってきたことがわかります。

最近、私の神社の駐車場に、生まれたばかりの子猫20匹が捨てられるということがありました。「かわいい」という一時の感情だけで飼われるペット、それに限界が生じたときには、このように捨てられるの

現在、家族が亡くなると市役所に死亡届を出しますが、当時は檀那寺に死亡届けを出していました。それにしても、惹翁の父親の270年前の死亡届けが残っていることは驚きです。この過去帳の記録をきっかけに、長月庵惹翁の研究は一気に進んでいきました。

このように、江戸時代の人々にとっての寺は、生活に密着した、地域社会の中心ともいうべき存在でした。

5. おわりに

主人の後を追った華丸の犬塚と同じように、動物を供養したものとして、本経寺と同じく初代藩主・喜前が建てた長安寺に、鯨の供養碑があります。捕鯨を営んだ深澤家によって建

深澤家建立の鯨供養碑(長安寺)

牛馬に感謝して祀られた馬頭観音（秋葉神社）

です。幸い子猫たちには引き取り手がみつかって、いまごろは大きく成長していると思います。

　現在、多くの動物がペットとして飼われています。その動物たちが、ただ「かわいいから」という理由だけで飼われているとすれば、華丸の犬塚と鯨の供養碑、そして路傍の馬頭観音は、現代社会に大きな示唆与えてくれています。

　「敬うべきは人の魂だけではない。動物の魂をも敬う・労う」という幅の広い思いが、昔の日本人にはあったのです。私たちはそういった先人の思いを改めて歴史に学ぶ必要があると思います。

まんが「華丸ものがたり」①

ここじゃ　　画：奈華よしこ

漢学に秀で3代藩主大村純信（すみのぶ）様の「守役（もりやく）」でもありました

わたしの主は大村藩家老「小佐々市右衛門（こざさいちうえもん）前親（あきちか）」様

小佐々前親（こざさあきちか）

華丸　ここじゃ　ここじゃ

まいれ

わん

何とも華丸は幸せな顔をしておりまするなあ

わしもこうしておると世の憂さを忘れることができるのじゃ

殿と華丸のくつろぐ様子はわたしまで幸せなおももちがいたしたものです

本経堂

ところが
藩主 純信様が
急逝
守役だった前親様
は、切腹し殉死
されたのです

くぅん…

華丸
殿は今から
荼毘にふされ
あちらに
旅立たれるのじゃ

ちゃんと
お別れ
するのだぞ

すきゅーん

慶安3(1650)年
純信が江戸表で
33歳の若さで
亡くなり、大村の
前親に20日あまり
後、その悲報が
届いた後のこと
でした

そうか そうか
犬も悲しいと
涙が出るの
だな

第2章
「義犬華丸」と動物愛護史
―世界に誇るべき大村藩の犬供養の歴史―

荒木十畝「旭日双狗児図(部分)」(小佐々学所蔵)

「義犬華丸」と動物愛護史

日本獣医史学会理事長・獣医学博士　小佐々 学

1. はじめに

　動物分類学では犬（イエイヌ）という種は、哺乳類（脊椎動物門哺乳綱）のネコ目（食肉目）イヌ科イヌ属に分類されています。

　犬は長年にわたって狩猟犬や番犬として利用されてきたため「使役動物」とされてきました。その後は「愛玩動物（ペット）」と呼ばれるようになりましたが、最近では「伴侶動物（コンパニオンやパートナー）」と呼ばれて家族の一員とされており、人間にとって最も身近な動物になっています。[1〜4]

　犬を埋葬したお墓は「犬塚」と呼ばれており、全国各地に存在します。また、犬塚があった場所は地名にもなっており、関東・中部・中国・九州など全国各地に約15ヵ所も犬塚という地名が分布しています。また、これらの地名に由来する犬塚という姓も珍しいものではありません。「犬墓」という地名が和歌山県と徳島県との2カ所にありますが、姓の存在については不明です。[2,7]

　今までほとんど知られていなかった旧い犬塚を、筆者が長年にわたって全国規模で調査するという無謀な挑戦をはじめたのは、大村市の萬歳山本経寺の古墓所にある、江戸時代初期の先祖で大村藩家老の小佐々市右衛門前親の高さ約3m（1丈）の大型墓の隣に並んで建つ、前親の愛犬「義犬華丸の墓」と伝えられる高さ約90cm（3尺）の小型の墓に興味を抱いたのがきっかけです。[2,5,6]この犬塚は家老であった主人の大型墓に較べれば小さいものですが、江戸時代初期には上級藩士の墓と同等の大きさだったのです。

　その後30年間にわたって、全国各地に分布する古代から幕末維新期までの旧い犬塚を百ヵ所以上も巡り歩き、その由緒や関連史料を調査して動物愛護の視点から獣医史学上重要と思われる犬塚を選んで、『日本獣医史学雑誌』や『日本獣医師会雑誌』などに報告してきました。[2,3,5,6,7]

　詳しいことは後で述べますが、多くの人が知っている「忠犬」という言葉は、昭和初期に渋谷駅前で待っていたというだけで、マスコミなどに喧伝されて有名になった忠犬ハチ公に初めて使われて広まった新語です。[2,4]

　一方、「義犬」という言葉は、忠犬という新語が余りも有名になったために、今ではほとんど使われないため死語になってきていますが、命がけで主人の命を守ったり、主人やその命令のために殉じた犬たちのことで、古代から明治時代まで使われていた由緒正しい言葉なのです。このように飼主を信頼して命がけで慕っていた義犬は「究極の愛犬であり伴侶犬だった」のです。歴史上の義犬のお墓を分類すると、古代史料の犬塚、伝説・伝承の犬塚、史実の犬塚の三つに大別されます。この中で当然のことですが、歴史上の事実である史実の犬塚の歴史が重視されています。[2,3,5]

　特筆すべきことは、日本最古の史実の犬塚は前述した江戸時代初期の慶安3年（1650）に建立された長崎県大村市の本経寺にある「義犬華丸」の墓であることです。「犬公方」と揶揄された五代将軍徳川綱吉の「生類憐みの令」より35年も前、さらに忠犬ハチ公の墓の285年も前のことでした。

　本書により義犬と呼ばれていた多くの犬たちの歴史を知って頂きたい。そして史実としては日本で最初に犬を供養した義犬華丸の墓がある大村市は日本の動物愛護発祥の地であり、さらに世界の動

筆者の小佐々学(中央)と小佐々市右衛門前親の大型墓(左)、義犬華丸の小型墓(右)と寄進された灯籠(左手前)〔大村市・本経寺古墓所〕

物愛護史上でも極めて貴重な史跡であることから、ヒューマン・アニマル・ボンド(HAB:人と動物の絆)の世界的な聖地といえるのです。

今年、平成27年(2015)6月18日は小佐々市右衛門前親と義犬華丸の365回忌にあたるため、本経寺の佐古亮景住職と役員会さらに文化庁の許可を得て、筆者が会長を務める小佐々氏会有志の寄付により、国指定史跡である本経寺の本堂前広場の古墓所入口近くの藤棚の下に、義犬華丸365回忌顕彰記念碑として「義犬華丸顕彰墓碑」と「義犬華丸石像」を建立することができました。

また、「義犬華丸」顕彰実行委員会や大村市の協力により、同年6月20日(土)には「義犬華丸」顕彰記念講演会(シーハット大村さくらホール)と「義犬華丸」顕彰記念式典前夜祭(長崎インターナショナルホテル)が、また21日(日)には「小佐々前親と義犬華丸365回忌法要」(萬歳山本経寺古墓所)、「義犬華丸」365回忌顕彰記念碑落成式典(本経寺本堂前広場)と「義犬華丸」365回忌顕彰記念碑落成パーティ(長崎インターナショナルホテル)が開催されて無事終了しました。

ご協力頂きました関係各位に厚くお礼申し上げると共に、義犬華丸石像と共に「義犬華丸くん」と「美犬華子ちゃん」のマスコット・キャラクターを地元の皆様に大いに活用して頂き、歴史観光による大村市の「町おこし」に役立てて頂きますよう願っています。

2. 犬の家畜化の歴史と文明・文化の起源

DNAの解析などから犬(イエイヌ)の祖先は狼(オオカミ)であることや、犬は人類により家畜化された最も古い動物であることは間違いありません。

問題はいつごろ家畜化されたかという時期ですが、従来の有力な学説では1万4千年前のドイツや1万2千年前の西アジアで犬が家畜化されたとされていました。特に注目されるのは、現在のイスラエルにある1万2千年前のアインマラハ遺跡です。ここでは、人の遺体の手が子犬の遺体の上に置かれる形で一緒に埋葬されており、人と犬との親密な関係を示すものとされています。これらの事実から、およそ

1万5千年前というのがほぼ定説化しており、筆者も獣医大学用の獣医史学の教科書に約1万5千年前だと書いています[1]。

ところが最近になって、欧米の一流の科学雑誌に中国南部での3万2千年前説、ヨーロッパでの2〜3万年前説や中東での1万年前説などが次々と発表されてホットな論争になっており、筆者も興味深く注目しています[4]。

その理由は、人類の文明・文化の起源には"人の社会化"と"動物の家畜化"が深く関わっているからです。このように、最古の家畜である犬の家畜化は人類の歴史にとって重要な意味を持っているのです[1,2,4]。

一方、日本における犬の家畜化は、神奈川県横須賀市の夏島貝塚や愛媛県久万高原町の上黒岩岩陰遺跡の埋葬例から、縄文時代早期（約9千年前）とされていました。最近になって上黒岩岩陰遺跡出土の犬の骨を放射性炭素で年代測定した結果、縄文時代早期末から前期初頭の約7千3百〜7千2百年前であることがわかり、年代が確定した日本最古の埋葬例だと報告されました。これにより、犬を大切にあつかって埋葬していた時期が明確になり、日本における人と犬との関わりを解明する重要な手掛かりが得られたのです[2,4]。

縄文時代にいた縄文犬は、縄文人と一緒に南方から日本列島に移住してきたとされ、犬が丁重に埋葬されていたことから、狩猟犬や番犬として大切にあつかわれていました。一方、弥生時代の弥生犬は、弥生人と一緒に朝鮮半島経由で渡来しましたが、水稲耕作と共に大陸の食習慣である犬食も渡来しており、家畜である弥生犬には食用犬としての重要な役割がありました。そのため、弥生人が食用にした時の解体痕が明瞭に残る犬の骨が出土しています[1,2,4]。

「義犬華丸くん」と「美犬華子ちゃん」

3. 西欧と日本の動物観

日本における最初の動物愛護活動は明治時代後期とされていますが、本格的な動物愛護やヒューマン・アニマル・ボンド（人と動物の絆）などの活動の多くは昭和時代の第二次世界大戦後に欧米から導入されたものなのです。

現在では日本に較べて欧米の方が動物愛護の先進地とされていますが、かつては欧米よりも日本の方が動物愛護の先進地であったというと読者の皆様は驚かれると思いますが、以下にその理由を述べてみましょう。

(1) 西欧の動物観

西欧の動物観は、唯一の神だけを信仰する一神教であるキリスト教に基づいています。『旧約聖書』の「創世記」には、神が人（男と女）を創造した時に祝福して言われた言葉として「産めよ、増えよ、地に満ちて地を従わせよ。海の魚、空の鳥、地の上を這う生き物を全て支配せよ」と書いてあります[17]。

人にとって動物は支配すべき対象であり、動物の命に対して厳しく無情で、かつての西欧は動物虐待が日常的に行われていました。また、動物には感情がなく霊魂がないので、動物のお墓を作って葬ることはなかったのです。

(参考『エプタ71号』)

戦国末期に来日して滞在したポルトガル人宣教師ルイス・フロイスの『日本覚書(日欧文化比較)』にも、「ヨーロッパでは馬子は動物に荷物を積んで、自分は手ぶらで行く。日本の馬子は動物を憐れんで、時には荷物の三分の一を肩にかついで行く」と記録しています。フロイスにとって、日本人の動物に対する憐憫の情は、理解し難いだけではなく驚くべきことだったのです。[18,19]

(2) 日本の動物観

仏教では「衆生(有情)」や「輪廻転生」という教えにより、人と動物の命に明確な区別をつけなかったのです。衆生(有情)とは情(心の働きや感情)を持つもののことで、全ての人や動物を含んでいます。また、輪廻転生とは衆生が三界六道に迷い生死を重ねることで、その中には人が動物に、動物が人に生まれ変わることもあるという考え方があります。釈迦が入滅した時を描いた涅槃図には、弟子をはじめとする人間と同様に、様々な動物たちが泣き悲しむ姿が描かれています。

また、日本で特に重要なことは、神道の「八百万の神」的な感性により、人と動物の命は同等にあつかわれることが多かったのです。江戸時代中期の国学者である本居宣長の『古事記伝』の日本の神の定義のように、鳥獣草木や海山など畏敬の念を起こさせる事物は全て神であるとされていますが、本来の神道は多神教(アニミズム)でした。[20]

このような仏教や神道の動物観からすれば、日本では動物の命を人と同等視しており、動物に優しく同情的で、動物の墓をつくって葬っていたのです。すでに、8世紀初期に成立した古代史料である『日本書紀』や『播磨国風土記』には、4～6世紀頃の話として義犬の墓をつくったことが記述されています。[21,22]

(3) 再評価される「生類憐みの令」

日本の動物愛護史上で特筆すべきことは、江戸時代の5代将軍徳川綱吉による「生類憐みの令」です。[23~25] これは、貞享2年(1685)頃から宝永5年(1708)までに約60回も出された動物の捕獲禁止・殺傷禁止・保護収容に関する"動物の取り扱いに関するお触れ"の総称なのです。犬の保護を重視したのは、生母の桂昌院や僧隆光の提言だという説がありましたが、最近では否定的です。

この法令で重要なことは人も生類の対象になっており、捨子禁止、行路病者の救済や牢獄環境の改善など人の保護まで含んでいたことです。また、戦国時代からの旧弊である「武断政治」から「文治政治」に変えるために、命の大切さを理解させる手段であったとの評価もあります。

厳しい罰則や犬を収容する犬小屋(御囲)の維持

 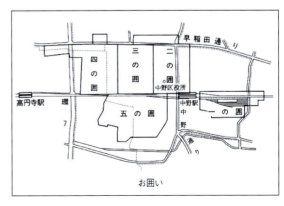

現在の東京都中野駅周辺に、犬のための養育所、お囲い(犬小屋)が作られた。最大30万坪、10万頭ちかくが飼育されていたという。中野区役所前には、お囲いの犬の像が置かれ、当時の雰囲気を伝えている。(写真・資料=中野区役所提供)

のための経費を町民などから徴収するなど運用面の行き過ぎにより不評を招きましたが、「犬殺しは死罪＝人殺しは死罪」など、将軍綱吉は人と動物の命を同等視して、信念をもって対処していたのが注目されます。

人の立場だけを重視した従来の歴史教育により、「犬公方」が制定した「天下の悪法」とされてきた「生類憐みの令」は、動物のみならず人の保護までを含んだ世界最初の動物保護法として歴史上極めて重要なのです。

特に「犬は家族の一員」とされている現代において、動物愛護やヒューマン・アニマル・ボンドの視点から「生類憐みの令」を積極的に再評価すべき時期がきているのではないでしょうか。読者の皆様もご一緒に考えて頂ければ幸いです。

(4) 動物愛護史のその後の変遷

ここで日本と西欧の動物愛護のその後の歴史を要約すれば以下の通りです。

西欧ではその後も動物虐待が日常的行われていましたが、18世紀の後半になって初めて動物の感情（痛みを感じ取る感覚）に気付くなどして動物にも道徳的配慮をすべきだという活動がはじまり、19世紀初めの1822年に英国で「動物虐待防止法」が制定されました。その後も、旧約聖書の動物を「支配せよ」を「管理せよ」に読み替えるなど、動物愛護や福祉が論理的・科学的に発展してきました。その理由はキリスト教の教義に反するために理論武装が必要であったこと、さらに1859年にダーウィンが進化論を発表したことにより、動物と人との連続性が理解されて、動物の苦痛を和らげる必要性が認識されたためなのです。

一方、日本では犬の墓をつくったことが、すでに古代史料に記録されています。また、17世紀中期に建立された史実の犬の墓が現存しています。さらに、17世紀末には人の保護をも含む世界最初の動物保護法「生類憐みの令」という先進的な法令があったのです。ところが、その後は動物愛護や動物福祉に関する積極的な活動は行われず、19世紀の前半以降は西欧に較べて動物愛護の後進国になってしまったのです。その原因は、動物を同情的にあつかってきたため動物虐待の歴史がなく、西欧に較べて動物に対する態度が曖昧で、動物愛護の必要性に気付かなかったためと思われます。

別な視点から朝鮮半島や中国から西欧までの大陸諸国と、日本との動物に対する対応の大きな違いを述べてみましょう。それは、動物や人に対する去勢の習慣の有無です。これらユーラシア大陸の全ての民族は、飼育動物を大人しくするためと肉質改善や品種改良のために、馬を含む多くの家畜は優秀な雄だけを残してその他の雄は去勢していました。一部の国では人の去勢も行われており、中国やトルコには宦官が、またイタリアにはカストラート（去勢オペラ歌手）がいました。

日本でも中国や西欧の獣医書などで去勢が紹介されていましたが、明治時代に西洋獣医学が導入されるまで家畜去勢の習慣はなく、宦官もいませんでした。日本では動物の命や生殖を人工的に支配するのを忌避する傾向があったため、動物を無理やり躾けることはなく、自然のままに放任することが多かったのです。動物を一方的に支配したり虐待することが少なかった日本では、動物愛護を積極的に推進するような必要性を感じていなかったためです。

日本で動物の保護・管理に関する法律ができたのは昭和48年（1973）のことで、動物の愛護・管理に関する「動物の愛護及び管理に関する法律」ができたのは平成11年（1999）でしたが、この法律は平成17年に追加・改正されています。このように欧米と同様な動物保護と愛護の法律ができたのは20世紀末から21世紀初頭のことですから、「生類憐みの令」から300年後になってやっと動物愛護の後進国から脱することができたのです。

大村市高台からの風景。大村湾を挟んで対岸は西彼杵半島、山の向こうは西海市となる

4. 大村藩士小佐々氏の家系と中浦ジュリアン

　ここで、筆者の小佐々(こざさ)家と大村藩との関係を述べてみましょう。

(1) 宇多源氏佐々木氏の肥前下向

　大村藩の公式系図書である「新撰士系録 巻之九 小佐々氏」や小佐々一族が所蔵する「小佐々氏系図」によれば、大村藩士小佐々氏は平安時代前期の宇多天皇(887～897年在位)を太祖とし、敦実親王(あつみのみこ)を初代とする宇多源氏(近江源氏・佐々木源氏)の後裔とされています。その後は、代々左衛門尉(さえもんのじょう)・検非違使(けびいし)で対馬守や備中守を務めましたが、第17代の近江守佐々木満信は室町幕府の4代将軍足利義持による倭寇取締りの命により、応永年間(1394～1428年)に肥前国小佐々(現・佐世保市小佐々町)に下向して小佐々氏を名乗りました。30,31)

(2) 戦国期に五島灘を支配した小佐々水軍

　次いで、第21代の小佐々弾正少弼(だんじょうしょうひつ)定信は、当時は日本における中国交易の重要拠点であった五島列島と本土とを結ぶ西海航路の要衝・五島灘を西彼杵半島(にしそのぎ)西岸から支配するため、戦国時代がはじまる応仁元年(1467)に西海市大瀬戸町多以良(たいら)に本城の小佐々水軍城を築いており、西彼杵半島西岸で最大の良港であった七釜港(ななつがま)を水軍基地にしました。小佐々水軍の領海は、北は佐世保湾口沖の白瀬が松浦水軍との境界で、また南は長崎市の相川港沖の神楽島(かぐらじま)が深堀水軍との境界で、さらに西は五島列島近くの平島沖の相島(あいのしま)が五島水軍との境界であり、五島灘のほぼ全域を領有していたのです。

　第24代の小佐々弾正大弼(だんじょうだいひつ)純俊の時に、支城として中浦城と松島城を築いて3兄弟が独立しており、その後は多以良・中浦・松島の小佐々氏三本家体制になって五島灘支配が続きました。現在の西海市大瀬戸町・西海町・大島町・崎戸町(さきと)や長崎市北西部(旧・外海町(そとめ))の他に、長崎市三重町・佐世保市南風崎町(はえのさき)・東彼杵町や大村市の海沿いにも飛地を領有していました。30,31)

　また、五島灘海域を支配する外浦衆(ほかうらしゅう)の惣領家として天久保氏(あまくぼ)、大田和氏(おおたわ)、田川氏、神浦氏(こうのうら)などを配下

大村市森園町に海を指して建つ天正遣欧少年使節顕彰之像。左から伊東マンショ、千々石ミゲル、原マルチノ、中浦ジュリアン(大村市提供)

にして、「小佐々水軍」と呼ばれていました。海外交易・馬生産・中浦の隠し金山経営などで戦国時代後期の小佐々水軍は隆盛を極めたといわれています。大規模な本城や支城と共に、五島灘海域防備のために小佐々氏二十城とよばれる城郭を築いていたのも、それだけの財力と共に護るべき権益をもっていたためです。[31,46,47,49,51]

なお、戦国初期には有馬氏に追われた大村氏一族を6年間も本城であった多以良の小佐々水軍城内の田平中之舘(たのひらなかのたち・かくま)に匿っており、また松浦氏が五島灘海域の権益を奪うため、小佐々水軍の出城を何度も襲撃してきましたが、配下の将兵の妻子などを同様に本城内に匿って、船戦(ふないくさ)で松浦氏の兵船を撃退したことが記録されています。[30,31,33,34,47,50]これらのことから、戦国期の小佐々氏は五島灘を支配する外浦衆(ほかうらしゅう)の惣領家として、松浦氏・大村氏や有馬氏とほぼ対等な勢力を維持していたことがわかります。

寒村だった長崎が、元亀2年(1571)に南蛮貿易のために開港された時に最初につくられた六町には、出身地の地名から島原町・大村町・平戸町などと共に外浦町の名前があり、小佐々氏を惣領家とする当時の外浦衆の勢力をうかがい知ることができます。昭和38年(1963)の合併でこれらの町名は消えて、今では万才町になっています。[32]

(3) 大村藩の家臣団入りと江戸時代の小佐々氏

その後、天正16年(1588)の豊臣秀吉による海賊禁止令で小佐々水軍や配下の外浦衆の城館は全て廃止されたため、秀吉の命により小佐々氏三本家はこの年に正式に大村氏の家臣団入りしました。[31,51]また、大村城が玖島に完成すると城下の広い武家屋敷に移住しており、江戸時代には惣役(家老職の旧名)、中老、元締役、物頭や奉行職などの重職を歴任して幕末を迎えています。

ローマ法王ベネディクト16世から中浦ジュリアン（幼名・小佐々甚吾）の列福を祝福される筆者の小佐々学〔2008年10月1日、バチカンのサンピエトロ大聖堂前の特別謁見席にて〕

『ウルバーノ・モンテ年代記』の「中浦ジュリアンの肖像画」（小佐々学撮影）〔ミラノのアンブロジアーナ図書館蔵〕

（4）小佐々氏だった中浦ジュリアン

　小佐々氏の家系を語るとき、一族にとって特筆すべき史実があります。

　それは筆者による長年にわたる家系や史跡の調査で判明したことですが、イエズス会の巡察師ヴァリニャーノが企画して九州のキリシタン大名がローマに派遣した天正遣欧使節（1582～1590年）に関わる[35～38,41,42]ことです。

　使節の4少年の一人で出自（出身家系）不明とされていた中浦ジュリアンが、当時の中浦城主の小佐々兵部少輔甚五郎純吉の息子の小佐々甚吾（幼名）[39,40,43～46,48,51,52]であったことです。ご存知の通り、中浦ジュリアンは使節の中でただ一人、禁教・弾圧・迫害の江戸時代初期に国内に残って潜伏して布教を続けたため、小倉で囚われて長崎の西坂で壮絶な殉教を遂げました。

　2008年に江戸時代初期の殉教者の一人として、中浦ジュリアンはローマ法王により聖者に次ぐ尊崇の対象である福者に列福されました。筆者は同年10月1日に中浦ジュリアンの子孫として、ローマ法王ベネディクト16世に招待されて、5万人が集まるヴァチカンのサンピエトロ広場上段の特別謁見席に招

小佐々市右衛門前親の肖像画：大村藩家老・漢学者
（1605〜1650）

待されて、手を取って直接祝福の言葉をかけられるという栄誉に浴したのです。

中浦ジュリアンの子孫として、また少年使節の研究者としても、感慨無量でした。

5. 小佐々市右衛門前親と義犬華丸

宇多源氏小佐々氏第28代の小佐々市右衛門前親(あきちか)は、小佐々一族では中浦ジュリアン(小佐々甚吾)の2代後にあたります。

(1) 小佐々前親の事跡

前親は、大村藩の重臣で大物頭を務めた小佐々勘左衛門政親の長男として、慶長10年(1605)に大村城下に生れました。

幼少より漢籍講読に秀で抜群であったことから、10歳のときに初代藩主大村喜前(よしあき)の偏諱(へんき)を受けて前親と改名しました。元和6年(1620)に15歳の若さで漢学、礼法、兵法、弓馬術の指南役に抜擢されており、藩内きっての俊才でした。同年に首席家老(両家)の大村彦右衛門純勝の推挙により、前親はわずか3歳で大村藩の三代藩主を継いだ大村純信の守役(もりやく)(傅役)に任命されて、幼少年期の純信に常に近侍して文武両道にわたって教育・補佐しました。純信が最も信頼する近臣で、23歳で家老になりました

が、家老を務めて約15年後に漢学教授への夢を果たすために、純信の許しを得て江戸と上方で漢学指南として遊学しました。その後、純信に呼び戻されて40歳で別格の家老職である老臣(ろうしん)となり、長年にわたって純信を補佐して藩政を支えました。

前親は藩政初期の財政再建策として、戦国時代に先祖の小佐々水軍が開設した五島灘の松島と寺島の牧(馬の牧場)の改修再開と共に大島に新牧の開設を建言して、藩内の馬産事業の振興に貢献しました。これらの牧で生産された種馬は、優れた肥前馬として国内各地の牧に移出されました。5,6)

(2) 藩主純信の急逝と義臣前親や義犬華丸の死

慶安3年(1650)5月26日に、藩主の純信が33歳の若さで江戸表で急逝しました。江戸から20日余り経って大村に届いた悲報に接した前親は、守役として自分が守り育てた藩主の死を悼んで、6月18日に大村城下にある本経寺の大村家墓所で追腹(切腹)して享年45歳で殉死しました。

前親の遺体は本経寺で火葬されましたが、この時に前親が常日頃から膝元に抱いて可愛がっていた雄の狆(ちん)の華丸が、主人の死を悲しんで涙を流して泣いて、突然その荼毘(だび)の火の中に身を投げて焼死してしまったのです。

藩主純信に殉じた「義臣前親」と主人前親に殉じた「義犬華丸」の死を供養するため、武士道の鑑(かがみ)として末永く顕彰するため、純信の高さ約6mの巨大墓の前に、前親の大型墓と華丸の小型墓が並んで建てられました。5,6)

(3) 前親の墓碑

前親の墓碑は全高約3mの大型の雲頭龍型立石塔(うずりゅう)で、前面には「南無妙法蓮華経　不染院一蓮日達霊(ふぜんいんいちれんにったつれい)」、後面には「慶安三庚寅年六月十八日(かのえとら)　小佐々市右衛門前親」の銘が刻まれています。院号の「不染」という言葉は、法華経の極めて重要な一節である「不染世間法　如蓮華在水(世間の法に染まらざること、蓮華の水に在るが如し)」に由来しており、藩主

小佐々市右衛門前親の大形墓(中央)、義犬華丸の小型墓(右手前)と寄進された灯籠(左)〔大村市・本経寺古墓所〕

の守役で家老であった前親の地位や身分にふさわしい院号となっています。なお、前親の位牌の写には、前面に「不染院一蓮日達居士霊」とあり、後面には墓碑と同じ記載があります。

　前親は漢学教授のため江戸や上方への遊学時に、弟の勘左衛門俊治に家督を譲っており、俊治は郡奉行などの重職を務めました。また、前親の長男の六郎左衛門長親(ながちか)は徒士頭の根岸弥市右衛門直治の養子になり、次男の六左衛門長職(ながもと)は医家の片山益庵(友聞)の養子になっています。

　長親は根岸家相続後に4代藩主の大村純長に近侍しており、大目付、持鎗奉行、元締役を歴勤して、家老・右備侍大将に出世しました。また、長職も片山家相続後は医家を嗣がずに藩主純長に近侍しており、御使番、旗奉行などを歴勤して、家老・脇備侍大将に出世しました。小佐々前親の息子である長親と長職の代以降、根岸家と片山家は幕末まで大村藩の家老・城代・中老・元締役などの重職を歴任する家柄になったのです。[30]

　文武両道に通じて優れた漢学者でもあった前親に育てられた長親と長職を、大村藩中興之名君とうたわれた4代藩主純長が重用した理由は、純長自身が有名な兵法学者山鹿素行の高弟であり、藩校の集義館(ごこうかん)(後の五教館の前身)を開設するなど大村藩で文治政治がはじまった時代における、数少ない貴重な人材であったためと考えられます。

　なお、前親の墓碑の前に置かれている石製の水器(水入れ)や、向かって左手前にある灯籠は江戸時代後期に寄進されたものですが、片山家・根岸家や深澤家・岩永家など、前親の息子の子孫や小佐々家の有力な親族の名前が刻まれています。

(4) 華丸の墓碑

　華丸の墓碑は当時の上級藩士並の全高約90cmの立石塔で、前面には長年の風化で不鮮明ですが細

小佐々前親と華丸の墓碑

義犬華丸の墓碑：高さ90cm(三尺)は江戸時代初期の上級武士の墓と同等〔大村市・本経寺古墓所〕

かい文字が刻まれており、拓本を取った結果132文字の漢文の碑文が刻銘されていることが判明しました。この碑文を読み下した訓読は次のとおりです。[6)]

義犬華丸墓碑の碑文の訓読：

慶安三年(1650)六月十八日、小佐々市右衛門前親、常照公（三代藩主大村純信・常照院殿心月日秋大居士）の為に殉死す。これより先、前親養う所の犬有り。出入り相い友しみ、恒にこれを愛し、膝下に抱く。其の死するに方り、父兄相い議り、まさに萬歳山（本経寺）に火葬せんとす。ここに於いて、家犬、聲を呑み、泣涙雨の如し。卒に自ら其の火に投じて死せり。衆みな曰く、「傳に於いてこれあり。云わく、『未だ仁にして其の親を遺つる者有らず、未だ義にして其の君を後にする者有らず』と。信なるかな、この言や」と。前親の義、施いて家犬に及び、家犬の義、あに弔うことこれが為にせんや。ああ、因って以って石を建て、ほぼ其の事を録すのみ。

備考：『　』内の文章は、『孟子』の「梁恵王章句上」第1章からの引用。

　この碑文は、孟子の文章を引用した格調高い漢文であり、前親の殉死や華丸が死亡した経緯と共に、主人に殉じた義犬の死に深く感動して華丸の供養墓を建てたいきさつが詳しく書かれています。特に、この碑文は漢学者であった前親の日常を熟知した高弟が撰文したため、「前親と華丸とはお互いに親しみ合っており、前親は華丸を愛して常に膝元に抱いていた」ことが記述されています。「愛」という言葉まで使われており、主人と義犬（愛犬・伴侶犬）との細やかな交情が見事に活写されています。また、「義」という言葉が何度も出てきますが、「忠」は見当たりません。なお、前親の高弟であったこの碑文の作者は、後に藩校の集義館（五教館の前身）の教授を務めた人物と伝えられますが、名前は不明です。

　この義犬華丸の墓碑は4代藩主純長の指示で、「武士道の鑑」として、前親の殉死時から3代藩主

義犬華丸墓 碑文の拓本

純信の墓前に前親の墓と並んで建っていました。ところが、大村家が伯爵になった明治初期に、当時の大村家の家宰が華丸の墓を大村家古墓所から本堂側の小佐々家墓所に移しており、戦後まで小佐々家が供養を続けてきました。幸いにも、本経寺前住職で現・院首の佐古亮尊師が華丸の墓碑に気付いて、昭和30年代中頃に大村家古墓所の前親の墓の隣に元通り移して下さいました。その後は、江戸時代と同様に華丸の墓は主人の墓と並んで建っています。

華丸の墓は日本最古の史実の犬塚ですが、このように特定の犬の死を悼んで弔うために、飼主と愛犬の交情が墓碑に詳しく記録され、しかも飼主の墓の隣に並んで建てられた旧い伴侶犬の墓は他に類例を見ないものです。また、平成16年(2004)に本経寺とその墓所が国指定史跡になり、前親と華丸の墓も国の史跡として末永く保存されることになりました。[6] 華丸の墓碑を365年間という長年にわたって管理して頂いた本経寺歴代の住職のご厚意に対して心から感謝いたします。

華丸の位牌の写には、前面に「義犬華丸霊」とあり、後面に「慶安三庚寅年六月十八日 小佐々市右衛門前親之家犬 御狆」と記載されています。「霊」とあることから、当時の日本では動物にも霊魂の存在を認めていたことがわかります。さらに、義犬であったため尊称として「御狆」となっていることが注目されます。雄であることは、名前の「丸」からの判断です。「丸」は「麻呂(てんか)」の転訛で、人名の下に添えて用いる語でしたが、後には「牛若丸」や「森蘭丸」のように小姓などの男子や、雄の犬猫などの名前の下に付けて用いられました。したがって、華丸は雄の狆と判断されます。

なお、地元だけではなく全国各地の愛犬家や一般の観光客の皆様が、365回忌を記念して建立された本経寺本堂前の古墓所入口近くの藤棚の下にある「義犬華丸顕彰墓碑」を参拝したり、「義犬華丸石像」を撫でて可愛がって頂くのは自由です。一方、歴

代の大村藩主の墓などが祀られている古墓所内にある前親や華丸の墓の見学を希望される方は、必ず本経寺の受付に届け出て許可を受けて下さい。

　多くの方々が祀られている古墓所は、厳粛な場であることは言うまでもありませんが、墓碑だけではなく灯籠、敷石や柵などの全ての施設や地面を含む場所全体が国指定史跡なのです。観光気分で巨大石塔の基壇に登るようなことは極めて非礼な行為ですし、供花や供物で史跡を汚したり、旧い灯籠などに触れば倒壊事故が起こる可能性もあります。受付への届出は、見学責任者を明確にして史跡破壊や傷害事故の発生を防ぐための処置ですので、皆様のご協力をお願いします。

6. 前親や華丸の墓と大村藩の脱キリスト教政策
　ここで視点を変えて、前親や華丸の墓と、大村藩の宗教政策との関係について述べてみましょう。
(1) 本経寺とその墓所の国史跡指定
　肥前国大村領主大村純忠は、戦国時代の永禄6年(1563)に受洗した日本最初のキリシタン大名(洗礼名:ドン・バルトロメオ)として知られています。その子で初代藩主の喜前(ドン・サンチョ)は、徳川幕府によるキリシタン禁教政策や肥後国熊本藩主加藤清正の勧めにより、慶長10年(1605)に日蓮宗本経寺の建立に着手し、3年後に完成して大村家の菩提寺にしました。

　現在でも本堂はじめ江戸時代後期の建物群が保存されており、大名の菩提寺としての形式を良く残しています。また、本堂に隣接する墓所には、笠塔婆、五輪塔、石霊屋、宝塔など、巨大で様々な形式の墓が建ち並んでいます。

　これらの墓はキリスト教から仏教へと転換した江戸時代の宗教政策を表す文化財として、平成16年(2004)9月30日に文部科学省により国の史跡に指定されました。これに伴い、3代藩主純信墓の前にある小佐々市右衛門前親と義犬華丸の墓も、国の史跡として末永く保存されることになったのです。[6]

(2) キリスト教の禁教と前親や華丸の墓
　徳川幕府が鎖国を完成させ、キリスト教に対する禁教政策が厳しくなった寛永年間を境にして、本経寺の大村藩主家墓所の歴代藩主の墓石が、急に巨大化したことが知られています。すなわち、2代藩主純頼の墓が2m余であったのに対し、3代藩主純信の墓は6mを超えるほど巨大化しています。このように仏教形式の巨大な墓石を建てたのは、キリシタン大名であった大村家が仏教に帰依して、キリスト教禁教政策を行っていることを内外に明確に示す必要があったためだとされています。

　また、前述したように、純信の守役に漢学者であった前親を登用したのは、当時の首席家老(両家)の大村彦右衛門純勝が小佐々家から養子を迎えていたという姻戚関係もありますが、キリスト教の代わりに、仏教と共に四書・五経による儒教教育を広める必要性があったためと考えられます。

　さらに、前親の殉死墓は自殺を禁じているキリスト教の教義に反するものです。また、人にとって動物は支配すべき対象であり、動物には霊魂がないという考え方に基づくキリスト教では、犬である華丸の墓を人間と同様に建てることも受け入れ難いことだったのです。

　このような見方からすれば、仏教形式の墓碑である高さ6mを超える藩主純信の巨大墓と共に、高さ3mで大型な前親の殉死墓や、当時の上級藩士と同等な高さ90cmの犬である華丸墓は、江戸時代初期における大村藩の脱キリスト教という宗教政策の転換期を象徴する史跡として意義があります。

　さらに付言すれば、禁教下でキリスト教を布教した中浦ジュリアン神父(幼名・小佐々甚吾)が寛永10年(1633)に65歳で壮絶な殉教を遂げてから僅か17年後に、同じ一族の小佐々前親とその愛犬の墓が、大村藩の脱キリスト教政策を示す史跡として現在まで保存されてきたことになるのです。[6]

これらの史実は、我が国におけるキリスト教の受容から禁教へという歴史の一大転換期を象徴する出来事といえるでしょう。

7. 義犬の歴史と動物愛護史

日本人の動物愛護思想やヒューマン・アニマル・ボンド(HAB・人と動物の絆)を知るには、各時代における愛犬や伴侶犬に関する旧い史料が必要ですが、日本の犬に関する史料は極めて少ないのです。また、史料があっても「生類憐みの令」以外は、人と動物との関係を知る手掛かりはほとんど記載されていません。そこで、筆者は全国各地に存在する犬を葬ったとされる旧い犬塚を調査して、日本における動物愛護史を研究することにしました。

ところが、明治時代までは日本にも山犬と呼ばれた狼がおり、農業の主体が畜産ではなく農耕であった日本では、狼は鹿や猪などを駆除して田畑を守る益獣として大切にされており、死後に葬られて犬塚がつくられました。また、犬塚と呼ばれていても、誰が何時どのような犬のために作ったかという由緒や根拠が不明な墓がほとんどです。

そのため、調査研究の対象は特定の犬(イエイヌ)の死を悼んで弔った犬塚だけに限定することにしました。また、日本人の動物観や人と犬との関係を知るために、欧米の動物愛護思想や教育法が一般にはほとんど及んでいなかった幕末維新期(西南戦争が終った明治10年頃)までの旧い犬塚を調査対象にしました。

このような犬塚のほとんどが「義犬(義狗)」の墓であり、また義犬の墓は愛犬や伴侶犬の墓でした。したがって、義犬の墓の歴史は日本における動物愛護の歴史であることもわかってきました。命がけで主人の命を守ったり、主人やその命令に殉じた犬たちは究極の愛犬や伴侶犬であり、古代から明治時代まで義犬と呼ばれていたのです。読者の皆様が良く知っている「忠犬」という言葉は、昭和初期に有名になった忠犬ハチ公以前には使われていなかったのです[2,4]。

筆者は全国各地の犬塚の中で由緒が判明した義犬の墓を、古代史料の犬塚、伝説・伝承の犬塚、史実の犬塚の3つに大別しています。以下に、古代史料の犬塚と伝説・伝承の犬塚は簡潔に、また史実の犬塚は動物愛護史上重要ですので要約して個別に解説します(P42の分布地図を参照)。

(1) 古代史料の犬塚

犬の墓をつくったことを明確に記載した史料は、8世紀初期に成立した『播磨国風土記』と『日本書紀』の2つです[2,3,21,22]。

播磨国風土記には、「品田天皇(ほむだ)(第15代応神天皇)の狩犬麻奈志漏(まなしろ)」を葬ったことが記載されており、4～5世紀頃の話になります。その場所に、現在ある犬次(いぬつぎ)神社(兵庫県西脇市)が建てられたとされており(分布地図のa)、犬次神社は犬塚神社の転訛とされています。

日本最古の勅選の正史である日本書紀には、「捕鳥部萬(ととりべよろず)の白犬」の墓をつくったことが記載されています。蘇我氏が物部氏を滅ぼした戦いで、奮戦自刃した主人である萬の遺頭を守りぬいて餓死した白犬のことが記載されており、6世紀後半の話になります。大坂府岸和田市の天神山古墳群の2基の古墳の墳丘上には「捕鳥部萬墓」と「萬家犬塚」と刻まれた墓石がありますが(分布地図のb)、これらは国学の興隆期の江戸時代後半に地元の有力者が比定地に建てたものだとされています。

これらの史料に載っている犬は、その行為から明らかに義犬と判断されます。現存する神社や墓石が古代史料の場所と一致するかどうかは判断できませんが、古代に犬塚をつくったという史料の存在と、犬塚があったとされる場所を後世に祀ってきたという歴史は、日本人の動物観や人と犬との絆を知る手掛かりとして貴重な史料であり行為なのです。

〈2〉伝説・伝承の犬塚
A. 聖徳太子の雪丸塚
B. 犬飼の大歳神社
C. 光前寺の霊犬塚
D. 高安の犬宮
E. 犬鳴山七宝龍寺の義犬塚
F. 六ツ美の犬頭神社・犬尾神社
G. 善通寺の空海義犬塚
H. 犬墓の空海義犬塚
I. 福本の義犬墓
J. 長谷の義犬塚
K. 蓮如の義犬塚
L. 羽犬塚
M. 葛原の老犬神社

〈1〉古代史料の犬塚
a. 犬次神社
b. 捕鳥部萬の犬塚

〈3〉史実の犬塚
① 小佐々前親の義犬「華丸」の墓
② 牧野忠辰の義犬「かふ」の墓
③ 加藤小左衛門の義犬「矢間」の墓
④ 暁鐘成の義犬「皓」の墓
⑤ 横田三平の義犬「赤」の墓
⑥ オールコックの愛犬「トビー」の墓
⑦ は組の新吉の唐犬「八」の墓
⑧ 島津随真院の義犬「福」の墓
⑨ 小篠源三の義犬「虎」の墓

古代から幕末維新期までの犬の墓（犬塚）の分布地図

（参考『日本獣医師会雑誌66巻1号』）

(2) 伝説・伝承の犬塚

　伝説・伝承の犬塚は、墓碑に飼主の名前、飼犬の墓であることや建立年号などの刻銘がなかったり、また建立年号があり立派な墓石であっても、墓碑の様式が建立年代と一致しないために後世の付会の可能性があり、史実と認定できない犬塚です。特に、特定の犬を悼んで弔ったという言い伝えがある墓13ヵ所を伝説・伝承の犬塚に分類しました。伝説のため地元にある資料によっては、その内容や時代的背景が大きく違う場合もありますが、以下にその概要を列挙してみます。

　先ず、「聖徳太子の愛犬雪丸塚」〔7世紀初期の話、奈良県王寺町・達磨寺〕があります（分布地図のA）。

　「人身御供伝説の犬塚」は、古狸、老狒々、大狢などの妖怪から幼児や美女などの生贄を救ったとされる犬の墓です。「犬飼の大歳神社」〔7世紀頃の話、兵庫県篠山市〕（分布地図のB）、「霊犬早太郎の墓」〔14世紀初期の話、長野県駒ヶ根市・光前寺〕（分布地図のC）、「高安の犬宮」〔8世紀初期の話、山形県高畠町・林照院犬宮〕（分布地図のD）などがあります。

　「大蛇伝説の犬塚」は、主人が鹿などの獲物を弓や鉄砲で狙っているときに、飼犬が突然吠えたため獲物が逃げたのを怒った飼い主が犬の首を刎ねたところ、首が宙を飛んで主人を呑み込もうとしていた大蛇を咬み殺して命を救ったという犬の墓です。その後、飼い主は悔い改めて神仏に帰依したというもので、類似の話は各地の寺社に伝わっています。代表例として「犬鳴山七宝龍寺の義犬塚」〔9世紀末頃の話、大坂府泉佐野市・七宝龍寺〕（分布地図のE）や、「六ッ美の犬頭神社と犬尾神社」〔14世紀中頃の話、愛知県岡崎市〕（分布地図のF）があります。

　「弘法大師伝説の犬塚」は、真言宗の開祖空海が唐から連れ帰ったとされる犬の墓です。善通寺の空海義犬塚〔9世紀初期の話、香川県善通寺市・仙遊院〕（分布地図のG）と、犬墓の空海義犬塚〔同時代の話、徳島県阿波市市場町犬墓〕（分布地図のH）があります。

　「播州犬寺の義犬塚」は、蘇我入鹿に従軍した播磨の長者枚夫（または秀夫）を殺そうとした下僕を咬み殺して主人を救った白犬と黒犬の2頭を弔うために、枚夫が犬寺（金楽山法楽寺）と犬塚を建てたとされています。福本の義犬墓〔7世紀中頭の話、兵庫県神河町福本〕（分布地図のI）は、白犬石塔（宝篋印塔）と黒犬石塔（五輪塔）があります。また、長谷の義犬塚〔同時代の話、同県同町長谷〕（分布地図のJ）には、枚夫の義犬2頭のうち1頭を葬ったという墓があり、2頭の犬に3ヵ所の無銘の墓があるのも伝説的です。

　「蓮如の義犬塚」〔15世紀中頃の話、滋賀県大津市〕（分布地図のK）は、浄土真宗の中興の祖とされる本願寺8世の蓮如が毒入りの食事で殺されそうになったのを救ったという犬の墓です。

　「羽犬塚」〔16世紀後期の話、福岡県筑後市羽犬塚・宗岳寺〕（分布地図のL）は、豊臣秀吉の九州出兵のとき、両翼がはえた犬の死を弔うために建てられたとされる犬塚です。鹿児島本線に地名に由来する羽犬塚という駅があります。

　「葛原の老犬神社」〔17世紀初期の話、秋田県大館市葛原・老犬神社〕（分布地図のM）は、主人のマタギ（猟師）の定六（左多六）の死を悲しみ、食餌をとらずに餓死したという白犬を祀る神社です。

　これらの犬塚は史実に近いものから明らかに伝説と思われる話までありますが、神社には墓碑がないため確認は難しく、また墓碑があっても銘がないため犬の墓とする決め手に欠けたり、あるいは伝説の時代と墓碑の制作年代とに大きなずれがあるものは後世の付会とされています。

　歴史学的な裏付けが乏しいとはいえ、日本各地には特定の犬の死を悼んで弔い祀ってきた義犬たちの犬塚が存在したのは事実であり、日本人と犬との絆を今に伝える史跡として意義があるのです。

(3) 史実の犬塚

　歴史上の事実である史実の犬塚は、墓碑に犬の墓であること、建立年号や飼い主の名前などが刻銘されるなど史実としての条件を満たした犬塚です。また、これらの中のいくつかには漢文の詳しい由緒書きが刻まれた墓碑もあり、日本人の動物観や人と動物との絆を知る上で重要であり、動物愛護史の貴重な史跡になっています。前述したとおり、史実の義犬の歴史は日本の動物愛護史であり、また世界のヒューマン・アニマル・ボンド（人と動物の絆）の歴史でもあることから極めて重要なのです。

　全国各地を調査して認定した幕末維新期までの史実の犬塚9ヵ所を年代順に列挙して以下に解説します。

①小佐々市右衛門前親の義犬「華丸」の墓（分布地図の①）

〔1650年（慶安3）、犬種は雄の狆、長崎県大村市古町・萬歳山本経寺、国指定史跡〕

小佐々市右衛門前親の義犬「華丸」の墓（1650年）：国指定史跡の小佐々前親の墓（左）と義犬「華丸」墓（中央右）、筆者（中央左）と姉の赤坂動物病院柴内裕子総院長（右）〔大村市・本経寺古墓所〕

　華丸は大村藩三代藩主大村純信の守役で家老であった前親の愛犬で、日本最古の史実の犬の墓です。義犬華丸墓の由緒や動物愛護史上の意義、さらに大村藩の宗教政策との関係については、本章の5と6で詳述したので説明を省きます。

②牧野忠辰の義犬「かふ」の墓（分布地図の②）

牧野忠辰の義犬「かふ」の墓（1684〜87年：貞享年間）〔長岡市悠久町〕

〔1684〜1687年（貞享年間）、犬種は不明（日本犬）、新潟県長岡市悠久町・義狗の塚〕

　長岡藩の百姓・善兵衛が飼っていた白犬「かふ」は、狼と闘って咬み殺したくらい大きく強かったので、譜代大名の長岡藩3代藩主牧野忠辰の所望で献上され、忠辰に寵愛されていました。御三家筆頭の尾張公の鷹匠頭が唐犬（洋犬・南蛮犬）を連れて江戸表の牧野邸の前を通ったところ、「かふ」は唐犬に飛びついて咬んで傍の溝に突き落としてしまったのです。忠辰がこんなことをしたら江戸表には置けないぞと「かふ」を叱ったところ、翌日から姿を消して長岡まで帰っていたのでした。長旅の疲れで息絶えたので、忠辰の指示で土の塚をつくって「かふ」は手厚く葬られました。今でも、この塚の上には明治時代の県令が撰文した碑文が彫られた石碑が置かれています。

　この犬塚の由緒は明和8年（1771）の『越之風車』に載っており、貞享年間の出来事と記述されていますが、犬同士の喧嘩を尾張家が絶対に内密にしてくれと強く言い張っていることから、貞享2年（1685）頃に発令された「生類憐みの令」の発令間もない頃につくられた犬塚と判断され、歴史的に重要な史跡です。

③加藤小左衛門の義犬「矢間」の墓（分布地図の③）

〔1787年（天明7）、犬種不明、長崎県雲仙市小浜町・札の原〕

　雲仙温泉の湯大夫（湯元）であった加藤小左衛門

加藤小左衛門の義犬「矢間」の墓(1787年)〔雲仙市札の原〕

あります。

⑤**横田三平の義犬「赤」の墓**(分布地図の⑤)

〔1853年(嘉永6)、犬種は四国犬、高知県安芸市井ノ口〕

横田三平の義犬「赤」の墓(1853年)〔安芸市井ノ口〕

の飼い犬「矢間」は、加藤家から親戚まで手紙を届ける「お使い犬(飛脚犬)」でした。加藤家の娘を救うなどして名犬と呼ばれていましたが、雲仙温泉近くの札の原で手紙を奪おうとした盗賊と闘って死んだのです。小左衛門は矢間を供養するため、矢間の半身像を立体的に浮彫りした墓を札の原に建てました。

④**暁鐘成の義犬「皓」の墓**(分布地図の④)

〔1835年(天保6)、犬種不明、大阪府東大阪市・梅龍山勧成院〕

土佐藩家老の五島家の知行地であった井ノ口村の百姓・横田三平が飼っていた赤は、三平の息子の寅次と乙次兄弟といつも一緒に行動していました。兄弟が近くの山に柴取りに行き、乙次が谷に落ちそうになったとき、赤は乙次の襟をくわえて放さなかったため転落をまぬがれて助かったのです。この地の領主五島家は赤の義犬美談を後世に伝えるために、赤の死後に家臣の漢学者につくらせた碑文を刻銘した墓石を建てました。赤の墓碑は全高120cmで江戸時代では最大級の犬塚で、正面には「義狗墓」の文字が、他の三面には赤を称える228文字に及ぶ漢文の由緒書きが刻銘されています。なお、赤の墓は三菱財閥の祖である岩崎弥太郎の生家のすぐ近くにあります。

暁鐘成の義犬「皓」の墓(1835年)〔東大阪市・勧成院〕

⑥**オールコックの愛犬「トビー」の墓**(分布地図の⑥)

〔1860年(万延元)、犬種はスコッチテリア、静岡県熱海市上宿町・大湯間欠泉〕

大阪の戯作者であった暁鐘成が愛犬の皓を連れて奈良に行く途中で盗賊に遭い、皓が身代わりで死んだのを弔うために建てた犬塚です。高さ約60cmの墓碑には121文字の漢文の追悼文が刻銘されており、墓碑の前には皓と思われる犬の小型の石像が

英国の外交官サー・ラザフォード・オールコックは、安政7年(1859)に来日して初代英国公使となって活躍した外交官です。翌年秋に外国人としては初

駐日英国公使オールコックの愛犬「トビー」の墓（1860年）〔熱海市上宿町〕

めて富士登山をしており、静養のため熱海の本陣に滞在していました。ところが、英国から連れてきたスコッチテリアの愛犬「トビー」が世界三大間欠泉と呼ばれて当時は大量の湯を噴出していた大湯間欠泉の熱湯を浴びて大火傷で死んでしまったのです。トビーの死を知った本陣の主人や村民が駆けつけて自分の親族が死んだかのように悲しんで、寺の僧侶を呼んで人を弔うのと同様に回向して本陣の庭に穴を掘って丁重に埋葬しました。これを見ていたオールコックが深く感動したことが彼の著書『大君の都』に記録されています。

本来なら本陣の庭のトビーのお墓のそばに建っていたはずの記念碑と墓碑ですが、オールコックがつくらせた漢文の「熱海訪問記念碑」と、「Poor Toby！23 Sept. 1860（かわいそうなトビー・1860年9月23日）」という英文が彫られた「トビーの墓碑」の2基が、今では人工的にわずかな水蒸気を噴出している大湯間欠泉の公園内に並んで建っています。本章の3で述べた通り、西欧のキリスト教国では1822年の動物虐待防止法以降も動物である犬の墓を建てる習慣はなかったのです。オールコックがトビーの墓碑をつくったのは、人と同様に丁重に弔って埋葬し、上流階級では犬の墓碑まで建てていた日本人の動物観の影響を強く受けたためと考えられます。主人に同行して不慮の死をとげたトビーは愛犬ですが、義犬でもあったのです。

⑦は組の新吉の唐犬「八」の墓（分布地図の⑦）

〔1866年（慶応2）、犬種は唐犬、東京都墨田区両国・諸宗山回向院〕

江戸町火消「は組」の新吉の唐犬「八」の墓（1866年）〔東京都墨田区・回向院〕

回向院にある有名な鼠小僧次郎吉の墓の後方に並ぶ墓碑の中に、町火消の「は組」の新吉を施主とする、幕末の慶応2年（1866）銘の唐犬（洋犬・南蛮犬・オランダ犬）の「八」の墓があります。この墓碑では飼い主（施主）、犬種、犬名と年月日以外は不明ですが、拓本を取って確認したところ、ボルゾイやマスティフに似た大型の洋犬の姿が彫られていることが判明したのです。新吉は「は組」の組頭か幹部と思われ、犬の姿まで彫った墓を建てたのは愛犬（義犬）なのでしょう。珍しい大型洋犬を引き連れて、誇らしげに江戸市中を歩く新吉の姿が目に浮かびます。

⑧島津随真院の義犬「福」の墓（分布地図の⑧）

〔1869年（明治2）、犬種は狆、宮崎県宮崎市佐土原町・大池山青蓮寺高月院〕

日向国佐土原藩主島津忠徹の夫人随子は、忠徹の死後に剃髪して随真院になり、佐土原へお国入りのときに愛犬「福」も駕籠に乗せられて江戸下がりのお供をしました。福は明治2年（1869）に佐土原で

島津随真院の義犬「福」の墓(1869年)〔宮崎市佐土原・高月院〕

死んだため、高月院の島津家墓所の一角に葬られました。福の墓碑は全高約80cmで、正面には「高林女転生慈福霊」という輪廻思想にもとづく福の戒名と年月日が、他の三面には228文字に及ぶ漢文の由緒書が刻まれています。碑文には、随真院はいつも福を側において可愛がっており、福も随真院をいつも慕い守っていたことが記述されています。江戸時代初期と明治維新期という時代の違いはありますが、華丸の墓と同様に主人と飼い犬との交情を記述した福の墓碑は貴重です。

⑨ 小篠源三の義犬「虎」の墓 (分布地図の⑨)

〔1876年(明治9)、犬種は不明、熊本県熊本市花園・本妙寺雲晴院〕

小篠源三の義犬「虎」の墓(1876年)〔熊本市雲晴院〕：右から2番目が三男清四郎と四男源三の合葬墓、右端が「虎」の墓

熊本士族の神風連(敬神党)が明治9年(1876)10月におこした神風連の乱は、わが国古来の敬神の精神にもとづく国粋保存を主張し、急激な文明開化を推進する明治政府の廃刀令や散髪令などの欧化主義政策に反対して、志士170人余が決起した事件です。熊本鎮台を一時占拠しましたが、翌日鎮圧されて志士の多くが戦死または自刃しました。

小篠4兄弟も神風連として出陣し、敗戦後に再挙の見込みがないことを知り自刃して果てました。このとき、四男で末弟の源三は未だ18歳でした。源三の愛犬「虎」は、源三の死を悲しんで墓前に座り続けて動かず、食餌を与えても何も食べず、ついに餓死したのです。

雲晴院の墓所には、長男一三墓、次男彦四郎墓、三男清四郎と四男源三との合葬墓と虎の墓の4基が並んで建っています。四兄弟の3基の墓碑は全高約90cmで、前面には実名が、裏面には自刃の日付が、側面には辞世歌が、また虎の墓碑は全高75cmの自然石で、前面に「殉死犬虎墓」と刻まれています。

また、熊本市黒髪の桜山神社の神風連百二十三士を祀る顕彰墓地の右側の灯籠の傍に虎の小さな顕彰墓があり、前面に「義犬之墓」、裏面には「明治9年11月11日殉死」と刻まれています。この墓碑から、明治時代まで「義犬」という言葉が使われていたことがわかります。

神風連の乱の翌年10年(1877)2月には西郷隆盛らによる西南戦争が勃発しましたが9月に鎮圧されており、いわゆる動乱の維新期(広義の維新期)が終りを迎えています。このような見方をすれば、虎の墓は一部の階層を除けば日本人の風習がまだ欧風化しておらず、欧米の動物愛護思想の影響が一般には及んでいない時代である維新期最後の犬塚として意義があります。

⑩ 遺跡出土の犬塚

東京都港区高輪の伊皿子貝塚の旧・泉谷山大円寺境内跡からは、文政10年(1827)1基、同13年2基と天保6年(1835)1基の全高45cmくらいの犬の墓が出土しています。遺跡出土の犬塚は碑文以外の

由緒が不明のため省略します。
　以上のとおり、史実の犬塚の歴史は人と動物の絆や動物愛護精神の歴史なのです。特に、大村市では日本最古の史実の犬の墓が365年間という長年にわたって大切に保存されてきました。当時の大村城下には、西欧に先駆けて犬を大切にして供養するという先進的な文化があったことがわかります

8. 忠犬ボビーとハチ公やタマ公

　筆者が犬塚の歴史を調査して「義犬」という呼称を発表するまでは、犬に関する呼称として「義犬」という言葉はほとんど知られておらず、「忠犬」が広く使われていました。

東京都渋谷駅前のハチ公像

　「忠犬」と言えば「ハチ公」と直ぐに口から出てくるくらい「忠犬ハチ公」は日本で最も有名な犬なのです。そこで、「ハチ公以外の忠犬は？」と聞いても答えられる人はほとんどいません。その理由は、忠犬という言葉自体がハチ公から使われはじめたため「忠犬＝ハチ公」なのです。そのため、ハチ公以降に使われることはあっても、ハチ公以前の忠犬は思い浮かんでこないのです。

　『広辞苑・第五版』を見ると、「忠犬」はありますが、「義犬」は載っていません。ハチ公が有名になって忠犬は広く使われていますが、義犬は一部で使われた特殊な用語だったために元々収載されなかったのか、忠犬に取って代わられて今では死語になったのかもしれません。そこで、義と忠の語意の主な違いを見ると、「義」には「人間の行うべきすじみち」や「利害をすてて条理にしたがい、人道・公共のためにつくすこと」とあります。一方、「忠」には「いつわりのない心、まごころ」と共に「君主に対して臣下たる本分をつくすこと」とあります。

　忠犬という言葉は、昭和初期に渋谷駅前で主人の帰りを待ってマスコミなどに喧伝されて有名になったハチ公に使われて広まった用語で、それまでは忠犬を指す言葉として義犬（義狗）がありました。義犬は命がけで主人の命を救ったり、主人や主人の命令に殉じた犬たちのことで、強い自己犠牲を伴いますが、主人の帰りを待つのは全ての犬が持つ習性ですから、駅で待っていたというだけでは義犬とは言い難かったのでしょう。また、昭和初期の「忠君愛国」という時代的背景から「義」よりも「忠」の意味を強調して「忠犬」という言葉が意図的に広められた可能性があります。

　日本の忠犬を解説する前に、ハチ公より63年前に埋葬された英国では有名な忠犬（Faithful DogまたはRoyal Dog）の話をしてみましょう。

（1）グレイフライヤーズの忠犬ボビー

〔1872年（明治5）死亡、犬種はスカイテリア、英国スコットランド・グレイフライヤーズ〕

　スコットランドのエディンバラ市警のジョン・グレイとその愛犬でスカイテリアのボビーは、いつもグレイ

英国スコットランドのパブの前のボビー像(publicdomainpictures.net)

フライヤーズ教会近くの宿屋のパブで昼食をとっていました。1858年に主人のグレイが死んで教会の墓地に埋葬されると、翌朝からボビーは墓のそばを離れなくなり、毎日昼に宿屋のパブで餌をもらうと墓地に戻って主人の墓を14年間も守っていたというのです。この献身的な犬の噂が広まり、1872年に16歳でボビーが死ぬと、主人が埋葬されたキリスト教の墓地は神聖で動物の埋葬には使えないため、墓地の門の直ぐ外に埋葬されました。翌年には宿屋の前にボビーの小さな銅像が建てられましたが、現在ある赤い御影石製のボビーの墓碑は、ボビーが有名になった百年以上も後の1981年に建てられたものです。

ボビーという犬を埋葬して銅像を建てた時期は、キリスト教国である英国で制定された1822年の「動物虐待防止法」や1859年の『種の起源』や1871年の『人間の由来』などのダーウィンの「進化論」の発表後であることが注目されます。

なお、ボビーの埋葬時期は義犬華丸の222年後で、忠犬ハチ公の63年も前になります。一方、ボビー

の行動については、餌場説や寝場所(ねぐら)説などの異論があるのは忠犬ハチ公と似ています。ボビーを「英国の忠犬ハチ公」と呼ぶ人がいますが、時代的順序ではハチ公が「日本の忠犬ボビー」なのです。

(2) 渋谷の忠犬ハチ公

〔1935年(昭和10)死亡、犬種は秋田犬、東京都渋谷区〕

ハチ公は、大正12年(1923)11月に現在の秋田県大館市生れの秋田犬で、翌年1月に日本の農業土木の開祖とされる東京帝国大学農学部の上野英三郎教授(農学博士)の家に送られて愛犬になりました。上野博士が大正14年(1925)5月21日に大学で急逝後に、渋谷駅で7年間も帰りを待ち続けたという美談が、昭和7年(1932)10月4日の『東京朝日新聞(現・朝日新聞)』に「いとしや老犬物語、今は世になき主人を待ちかねる七年間」と題した写真入りの記事が紹介されて、多くの読者の同情をかっており、大きな反響を呼んで特ダネ記事になったのです。

「いとしや老犬物語」昭和7年10月4日付『東京朝日新聞』の記事

①ハチ公美談と忠犬ハチ公ブーム：その後は忠犬美談として、新聞、雑誌、ラジオ、絵葉書のほか、演劇、芝居や浪曲の上演、待合茶屋での「忠犬ハチ公音頭」の唄や踊りの流行、「童謡忠犬ハチ公」や「純情美談忠犬ハチ公」などのレコード、ハチ公人形や忠犬ハチ公チョコレートまで発売されており、マスコミで大々的に喧伝されました。また、地元の渋谷では

ハチ公煎餅、ハチ公そば、ハチ公焼鳥、ハチ公丼、ハチ公浴衣などの新名物が渋谷の町おこしに大いに役立ち、渋谷は全国的に有名になったのです。

さらに、昭和9年（1934）4月には生存中に渋谷駅前に銅像まで建てられており、その台座には忠犬を称える「忠狗行（ちゅうこうこう）」いう漢詩の銅版が取り付けられました。この銅像の落成式にはハチ公も参列させられました。また、ハチ公が11歳で渋谷駅近くの路上で死亡しているのが発見された昭和10年（1935）には「恩ヲ忘レルナ」という題で尋常小学校2年生の修身の国定教科書にまで載って国民的英雄になっており、前述したとおり熱狂的な忠犬ブームがおこって「忠犬ハチ公」の名は不動のものになりました。[54〜56]

②**忠犬ハチ公の死**：11歳だった昭和10年（1935）3月8日に渋谷駅近くの路上で遺体となって発見されたハチ公は午後1時頃の通夜後に、当時は駒場にあった東京帝国大学農学部獣医学科の病理細菌学教室に運ばれて午後3時に病理解剖されており、主要臓器はホルマリン固定標本にして教室（現在は文京区弥生の東京大学農学部獣医病理学研究室）に保存され、残りの臓器は焼却して灰にされ青山墓地で行われた葬儀で上野博士の墓所にあるハチ公の祠に埋葬されました。また、遺体は9日に剥製作成のため東京科学博物館に渡されて、完成した剥製は今でも同館内の日本館二階に展示されています。

病理解剖（剖検）は、故・江本 修助教授が担当され、当時は助手であった故・山本脩太郎名誉教授（学士院会員）が執刀されました。山本先生は筆者が大学院在学中の研究室の教授で、先生の指示で固定臓器のホルマリン液の交換を行う時などに話されたハチ公の生前の様々なエピソードを今でも鮮明に覚えています。獣医病理学研究室には山本先生が記録したハチ公の詳しい剖検記録が保存されていますが、現在はホルマリン固定の内蔵標本は、農学部正門を入ってすぐ右側にある農学資料館に上野英三郎博士の胸像と共に展示されています。ハチ公の

死因は剖検時の肉眼所見からフィラリア症と診断されましたが、最近になって同研究室の中山裕之教授らが病理組織検査を行った結果、肺と心臓に悪性腫瘍が見つかって、肺原発の「癌肉腫（がんにくしゅ）」と診断されており、フィラリア症と共に重要な死因であったことが発表されています。[58]

なお、ハチ公の遺体が発見された3月8日の午後4時にはハチ公の訃報を知った人たちが、銅像前に花輪・菓子・果物などを供え、賽銭箱に香典を入れるため、3千人あまりが殺到したといわれています。翌9日には銅像前に生前の写真を飾り、朝8時から一般焼香（告別式）が行われており、また12日午後2時から青山墓地で、僧侶16名による読経と、代表者5氏による弔辞後に焼香が行われており、一流有名人並の盛大な葬儀が行われたのです。

③**特ダネになった新聞記事の経緯**：ハチ公を有名にした東京朝日新聞（現・朝日新聞）の記事は、日本犬保存会の斎藤弘吉氏自身の発言から、斎藤氏が新聞社に投書して記事になったと言われてきました。

ところが、平成16年（2004）の『動物文学』に投稿された元毎日新聞記者の仁科邦男氏が当時の状況を調査した「忠犬ハチ公物語はこうして誕生した」という論考には、新聞関係者しか知り得ない重要な情報が載っています。それによると、元東京日日新聞（現・毎日新聞）の記者で、後にNHKの連続テレビ小説「おはなはん」の原作者として有名になった林謙一記者と、連合通信の細井吉蔵記者とが、当時は同じ鉄道記者倶楽部におり、渋谷駅の改札付近にいる「でっかい犬」で「汚れた犬」に興味をもって調べたのだそうです。林記者が上野夫人と電話で話しているときに、"強引に「主人を待っている」ことにして、犬を家に連れ返さないよう、さりげなく未亡人に勧めた。記事を書くための作戦だった。"とあります。林記者はこの原稿を記者倶楽部で回覧しており、この原稿の冒頭は「雨の日も雪の日も、亡き主人の帰りを待って渋谷駅にたたずむ老犬、今日も瞼の主人を

探し求める　」となっており、東京朝日新聞の記事に似ています。当時、同じ鉄道記者倶楽部には、戦後にNHKのラジオやテレビ番組の「話の泉」や「私の秘密」のレギュラー出演者となった東京朝日新聞の渡辺紳一郎記者がおり、この林記者の原稿をもとにして書いた記事が、渡辺記者にもまったく想定できないくらい大きな特ダネになったのです。

④なぜ渋谷駅なのか？：井の頭線が開通したのは上野博士逝去の10年後の昭和8年（1933）8月ですから、現在の渋谷区松濤町に住んでいた上野博士は、現在のように渋谷駅から井の頭線を使って大学がある駒場駅に行くことはあり得ません。また、自宅から大学までと渋谷駅までの距離は余り変わりませんでした。いずれにしても、ハチ公は博士と一緒に毎日徒歩で大学に通っていたのです。しかも、上野博士は大学にいるときに脳溢血で亡くなっていますから、本来ならハチ公は大学付近で待っているはずです。一方、博士は西ヶ原の農事試験場に行くときは、省線（現・JR）の山手線で渋谷駅から駒込まで利用していました。また、地方への出張旅行にも渋谷駅を使っていました。

筆者が大学院時代には山本先生のように上野博士と同時代の先輩から話を聞いていたり、上野博士を直接ご存知で日本犬保存会理事でもあった板垣四郎名誉教授のような先生方がおられました。上野博士は豪放磊落な性格で、当時は渋谷駅周辺には焼鳥などの屋台が多くあり、上野博士はその常連客(60)で、全国から大学を訪ねてきた農業土木技術者と渋谷駅前でよく飲んでおり、ハチ公もお相伴にあずかっていました。ハチ公の特技は焼鳥を串ごと与えるとバリバリと噛み砕いて呑み込んでも平気だったので、面白がって与える人が多かったのだそうです。山本先生の剖検記録にも、胃の中から噛み砕かれた長さ5cm位の竹串が4本出てきており、このうち3本は先端が鋭利でしたが、胃壁に刺さることはなく傷跡などもありませんでした。

在りし日のハチ公。片耳は病気で垂れたという（wikipedia）

また、ハチ公は渋谷駅の小荷物室を寝場所にしていましたが、新聞記事などで有名な忠犬になる前は、駅員が邪魔にして蹴飛ばして追い出していました。忠犬になってからは、渋谷駅には「ハチ公世話役」という専任の駅員がいて、餌を与えるだけではなく、小荷物室にハチ公の寝床まで用意して面倒をみていたのです。

忠犬ハチ公に関心がある人に、以上のような状況を話して、なぜ渋谷駅なのかを聞いてみるとよく返ってくる説明は、焼鳥の屋台が営業していない朝と夕方の2度通っており、時間は上野博士が"毎日、駅に通っていた時間と同じだった"ことや、ハチ公は"忠犬で頭がよく利口だった"から、出張などで長期間帰って来ないときは渋谷駅前で待てばいいことをよく知っていたからだというものです。渋谷駅の餌場説や寝場所説と比較して、どちらが正しそうかにつ

いては読者の皆様に判断して頂きたいと思います。

真相はハチ公に聞いてみないとわかりませんが、主人の帰りを待つことはほとんどの犬が持つ習性ですから珍しいことではありません。問題は何故ハチ公だけが「有名な忠犬」になったのかということです。

⑤**「忠犬」という呼称と時代的背景**：筆者は「義」と「忠」の語意の違いから、「義犬」ではなく「忠犬」という呼称がハチ公に使われた理由には時代的背景があると指摘しましたので、このことについて考えてみましょう。

動物文学会の主宰者で犬科生態研究所長であった平岩米吉氏は、昭和10年（1935）4月の『子供の詩研究』に、ハチ公が小学校の修身の教科書に載ったのは誤りであると真っ向から反論しています。その要旨は、ハチを珍しい"忠犬"として扱っていることが感心できない。主人に一生を捧げるのは犬の特性であり、渋谷のハチに限ったことではない。ハチが有名になった経緯を知っているが、低級な感傷の嵐が巻き起こり、ほとんど全国的なお祭り騒ぎになるのを見て唖然とせざるを得ない。ハチは今や一個の犬ではなく民衆の上に君臨する英雄であり、偶像的存在になっている。悲劇の主人公としてのハチの名は、多くの分野で宣伝されて、その面影を後世に伝えようとする銅像さえ瞬くうちに建てられてしまった。主人を待つという行為は、ハチのみが持つ美徳ではなく、あらゆる犬が持つ特性なのだと論評しています。[61]

それでは何故このような論評が評価されなかったのでしょうか。この修身の教科書は文部省による国定教科書であり、軍国主義化が進んでいた時代の国策に沿ったものだったと思われます。また、ハチ公の銅像を建立するための寄付金募集の「忠犬ハチ公銅像建設趣意書」ともいうべき長文のチラシには、文末に掲載されている「後援」の最初に「文部省社会教育局 皇国精神会」の名が太字で載っています。その後に「発起者」として日本犬保存会の理事・農学博士・板垣四郎、同常務理事・斎藤 弘（弘吉）、銅像製作者の帝展彫刻部審査員・安藤 照、上野動物園長・古賀忠道、渋谷駅長・吉川忠一などの名が並んでいます。最後には、東京の文京区小石川にあった大規模な軍需工場関係者で潤っていたとされる三業花柳地の待合の名前が巨大な文字で載っており、このチラシを作成したスポンサーと思われます。[62]

このチラシからわかる通り、忠犬ハチ公の銅像建立を推進したのは、文部省の思想教育担当部門であったことがわかります。このことから、「忠犬ハチ公」の名前が急速に広まったのはマスコミや地元民の努力だけではなく、それを強力に支えて「忠君愛国」を推進した当時の国策があったと言わざるを得ません。さらに、日本犬は「一犬一主」主義を生涯守るとされて、忠義の象徴とされたのも同様な理由があったと思われます。ところが、せっかく保護増殖された日本犬も、その後は寒冷地に出征する兵士の防寒毛皮用に徴用されて殺処分されるという皮肉な運命をたどったのです。

戦後に民主化の象徴とされていたラジオやテレビ番組に出演していた渡辺紳一郎氏や氏が所属していた朝日新聞社が、忠犬ハチ公が世に出た最初の記事を書いた渡辺紳一郎氏の名前を伏せていたのは、結果として軍国主義化に加担したためだという趣旨のことを、この記事作成の経緯を調べた仁科氏も指摘しています。[59]

忠犬ハチ公が有名になったことにより、国内で日本犬の保護活動や動物愛護的な考え方が広まって、獣医師を志す者までいたのも事実です。一方、以上のような経緯を知ると、今までのように忠犬ハチ公を動物愛護史の対象として取り扱うのは難しくなったと感じています。勿論、これらのことは、すべて人の側の問題であり、ハチ公自身には全く責任がないことは言うまでもありません。

⑥**没後80周年記念の銅像**：平成27年3月8日は、忠犬ハチ公没後80周年にあたります。そこで、東京大学の教授や名誉教授を発起人とする「ハチ公と上

上野英三郎博士とハチ公の銅像〔平成27年3月建立・東京大学農学部〕

野英三郎博士の像を東大に作る会(愛称:東大ハチ公物語)」により記念講演会や記念碑が建立され、農学部正門を入ってすぐ左側にハチ公と上野博士が手を取り合っている銅像が建立されました。筆者も幼児期に抱きかかえられて、渋谷駅前のハチ公の銅像の頭を撫でた記憶があり、また大学院時代には恩師の山本先生を通じてハチ公とは無縁ではなかったため建設資金の寄付に応募しました。この行事の講演集は『東大ハチ公物語』として出版されています。

ハチ公の銅像はゆかりの各地にあります。渋谷駅前にあった昭和9年(1934)建立の銅像は戦時中の昭和19年(1944)に供出、戦後の昭和23年(1948)に現在ある二代目像が再建されました。また、ハチ公の出身地の秋田県大館駅前には、渋谷駅前と同じ銅像が昭和10年(1935)に建立されて戦時中に供出、昭和62年(1987)に両耳が立った若い姿で再建されました。大館市内の秋田犬会館前には平成16年(2004)に銅像「望郷のハチ公」が建立され、大館駅構内のJRハチ公神社にも平成21年(2009)に銅像が建立されました。さらに、上野博士の出身地の三重県津市の久居駅東口には平成24年(2012)に上野博士とハチ公の銅像が建設されています。

東大農学部キャンパスに新設された銅像を入れると6ヵ所もあり、忠犬ハチ公の知名度は今でも高く、根強い人気があることがわかります。

(3) 新潟の忠犬タマ公

〔1940年(昭和15)死亡、犬種は越後柴犬(越ノ犬)、新潟県五泉市〕

「忠犬タマ公」の銅像〔昭和12年建立・五泉市立川内小学校に現存〕
これを模作したタマ公像は市内2カ所にある

猟にむかう刈田氏とタマ公（新潟県五和泉市提供）

　東京朝日新聞にハチ公の記事が載った2年後で、渋谷駅前にハチ公の銅像ができる2ヵ月前の昭和9年（1934）2月の新潟新聞に「雪崩の下から忠犬、主人を救ふ。人間に痛い事実美談」という記事が掲載されて、「忠犬ハチ公」を真似て「忠犬タマ公」と地元で呼ぶようになりました。タマ公は、現在の新潟県五泉市生れの越後柴犬（越ノ犬）で、猟師の刈田吉太郎氏と常に行動を共にしていた小型の猟犬でした。タマ公は狩猟中に雪崩で遭難した苅田氏やその仲間を二度も救っており、昭和11年（1936）の新潟新聞にも「二度目の殊勲、忠犬タマ公、人間以上」という記事が紹介されています。

　昭和12年（1937）には、ハチ公のように、生前に銅像が五泉市の川内小学校と新潟市の白山公園の2ヵ所に建立されました。川内小学校の銅像は現存しており胴長で差尾という絶滅した越ノ犬の体形を知る貴重な資料ですが、白山公園の銅像は供出されて再建されており、現在の柴犬がモデルのため短胴で巻尾です。また、川内小学校のタマ公をモデルにして、新幹線の新潟駅東口、五泉市村松公園や五泉市みどりこども園にも銅像があります。この他に、横須賀市衣笠公園入口近くに「忠犬タマ公之碑」もあります。五泉市内と新潟市内に5ヵ所も銅像がありますが、タマ公の知名度は新潟県内の一部に限られているようです。これは、「忠犬」を使ったためにハチ公の真似や亜流とされて、地元以外では余り評価されなかったためと思われます。

　雪崩という大きな事故が起こったときに、命がけで2度も人命を救ったタマ公は、駅で待っていただけのハチ公と違って大きな自己犠牲を伴うことから、その行動は「忠犬」ではなく「義犬」と呼ぶべきでしょう。

　ここで筆者が言えることは、「忠犬としての知名度ではタマ公はハチ公に及ばないが、伴侶犬（パートナー）としての幸福度ではハチ公はタマ公にはるかに及ばない」ことです。飼い主と一緒に長い余生を暮らすことができたタマ公と、早くに主人を失ったハチ公の生涯を想えば容易に理解して頂けるでしょう。

9. あとがき

　最後に、東京生れの筆者と大村との縁について話しましょう。「むかし選ばれて南蛮国に行ってきた先祖がいる」という我が家に伝わる一子相伝のこの

重厚な歴史を感じさせる本経寺山門と白壁〔長崎県大村市古町〕

　不思議な口伝に興味をもって、父祖の地である長崎県下を訪れ始めたのはもう30年以上も前のことでした。その後の調査で、謎の先祖は中浦城主（西海市西海町中浦）の小佐々兵部少輔甚五郎純吉の息子で、天正遣欧少年使節（1582～1590年）の中浦ジュリアン（幼名：小佐々甚吾）であることを立証して、平成元年に大村史談会で発表しました。筆者が発表するまで、使節の四少年の中でジュリアンだけが出自（出身家系）不明とされていたのです。

　翌年の平成2年（1990）に開催された少年使節帰国四百年祭記念行事には、松本崇大村市長の招待で式典に参列しました。日本二十六聖人記念館長だった故・結城了悟神父と一緒に、大村市の森園公園にあった四少年の銅像が建つ記念碑に献花したことが、昨日のことのように思い出されます。ご存知の通り、天正少年使節の中で中浦ジュリアンと原マルチノの2名は、日本最初のキリシタン大名であった大村純忠が派遣したとされています。

　江戸時代になると有力家系の小佐々氏三本家は大村藩の惣役（家老職の旧名）などの上級藩士となって大村城下の武家屋敷に住んでおり、幕府の命により初代藩主大村喜前と共にキリシタンから日蓮宗に改宗して本経寺を菩提寺にしたのです。

　謎の先祖の調査中に、江戸時代の先祖も調査するため本経寺を何度か訪れており、貴重な過去帳を見せていただきました。その折に、古墓所にある小佐々市右衛門前親の大型墓の横に並んでいる「義犬の墓」と呼ばれる小型の墓碑を何度も見るうちに、獣医史学的な関心が沸き起こってきて、日本の犬の墓の中ではどのくらい古い墓碑なのかを知りたくなったのです。これが全国各地の犬塚を調査するという無謀な挑戦の始まりであり、日本の動物愛護史研究の端緒となったのです。

　我が国の動物に関する史料は、軍事的に重要だった馬に関する馬医書がほとんどで、次いで牛医書です。犬に関する史料は五代将軍徳川綱吉による「生

「類憐みの令」以外では、江戸時代中期に流行した狂犬病に関する人用の医書が二種ありますが、犬の史料としては江戸時代初期の「犬之書（いぬのしょ）」と末期の「犬狗養畜伝（けんくようちくでん）」と「狆育様及療治（ちんそだてようおよびりょうじ）」の3種が知られています。一方、「生類憐みの令」以外は動物愛護的な記載が少ないため、古文書以外の史料が必要になりました。そこで、義犬の墓の調査が重要なことがわかり、特に詳しい由緒書の碑文が彫られている史実の犬塚が重視されることになったのです。

　詳しいことは本文に記述しましたが、義犬は「究極の愛犬や伴侶犬」ですから、日本最古の史実の犬塚である「義犬華丸」の墓碑は、日本の動物愛護史のみならず、世界のヒューマン・アニマル・ボンド（人と動物の絆）の歴史からも極めて貴重な史跡です。華丸の墓碑の碑文から分かる通り、動物愛護を文化の尺度とすれば、江戸時代初期の大村城下は愛犬を家族と同様にあつかっており、丁重に弔って墓碑まで建てていたことから文化レベルが高い土地柄であり、日本の動物愛護発祥の地だったのです。

　ここで話は現代に戻りますが、義犬華丸顕彰記念講演会で発表された大村市長による"「義犬華丸」を活かした動物愛護による歴史観光宣言"は、動物愛護思想の普及啓発という視点から世界的にも注目すべき活動といっても過言ではありません。

　ここで読者の皆様に誠に悲しいお知らせをしなければなりません。

　松本崇大村市長が、歴史観光宣言をされてからわずか3ヵ月後の平成27年9月に急逝されました。

　松本崇市長は天正少年使節の顕彰活動にも熱心で、伊東マンショの出身地の宮崎県西都市の橋田和実市長、中浦ジュリアンの出身地の長崎県西海市の田中隆一市長、千々石ミゲルの出身地の長崎県雲仙市の金澤秀三郎市長や原マルチノの出身地の長崎県波佐見町の一瀬政太町長などの関係首長による天正少年使節サミットや平成遣欧少年使節派遣などの活動で主動的な役割を果たしてこられました。

　前述したとおり、筆者と松本市長とは天正少年使節帰国四百年祭に招待されて以来の親しい間柄で、中浦ジュリアンが平成20年（2008）にローマ法王から福者に列福された時には大変喜ばれて祝福していただきました。また、今回の義犬華丸の顕彰記念講演会や前夜祭パーティに出席していただき松本市長自身が宣言や挨拶をされ、また義犬華丸顕彰記念碑落成式典では市長挨拶をいただいて小野道彦副市長が代読されるなど、多大なご協力をいただきました。

　ここに、故・松本崇市長の生前の数々のご厚意に対しまして心からの謝意を捧げる次第です。

　また、松本市長の歴史観光宣言の遺志を活かして、大村市と地元各種団体や市民の皆様による"「義犬華丸」を活用した大村市の街おこし活動"の今後の進展を願っています。

10. 謝辞

　大村市の萬歳山本経寺の古墓所にある小佐々市右衛門前親と義犬華丸の墓を365年間という長年にわたって顕彰・保存していただいた本経寺歴代のご住職をはじめ関係各位にたいし感謝します。

　特に、今回の義犬華丸365回忌顕彰記念碑の建立に全面的な協力をいただいた佐古亮景住職ならびに義犬華丸の墓碑の保存に尽力された本経寺前住職の佐古亮尊院首にたいして深甚なる謝意を表します。また、本経寺護寺会役員など関係各位の皆様の協力に感謝します。

　また、顕彰記念講演会の演者の大村史談会副会長で富松神社宮司の久田松和則博士、演者で筆者の実姉でもある赤坂動物病院の柴内裕子総院長と、司会の長崎市観光大使で（公社）Knots冨永佳与子理事長にお礼申上げます。

　さらに、史実の犬塚の所在地の情報提供など筆

者の調査研究に協力いただいた大村史談会副会長の久田松和則博士、同史談会の勝田直子顧問、日本石像物研究会の大石一久副代表、日本獣医史学会の倉林恵太郎監事、同学会の故・深谷謙二顧問、日本看護歴史学会の平尾真智子博士、禅河山東北寺の藤田吉秋住職をはじめ、全国各地の多くの関係者各位にたいし謝意を表します。

　今回の義犬華丸365回忌にあたって、地元大村市の官民が一体となって設立した「義犬華丸」顕彰実行委員会の皆様には顕彰行事のために多大な協力をいただきました。また、義犬華丸顕彰記念碑を新たに建立した小佐々氏会会員有志の皆様にもお礼申し上げます。

　さらに、大村市観光振興課や大村市秘書広報課ならびに大村市教育委員会文化振興課など関係者の皆様の協力に感謝します。

　終わりにあたり、義犬華丸顕彰記念講演会などの行事に参加されたのがきっかけとなって、旧知の筆者に本書の監修と執筆を依頼された堀憲昭氏をはじめ編集に協力いただいた長崎文献社の皆様にお礼申上げます。

11．註および文献

1) 小佐々学：「第2章 獣医史学」、池本卯典ほか監修『獣医学概論』緑書房（2013）
2) 小佐々学：「日本愛犬史―ヒューマン・アニマル・ボンドの視点から」『日本獣医師会雑誌』66巻1号（2013）
3) 小佐々学：犬塚関係調査報告、『日本獣医史学雑誌』38・39・40・41・43・44・45号（2001～2008）
4) 小佐々学：「犬猫馬」・「犬」『エプタ（EPTA）』71号・特集 犬猫馬（2015）
5) 小佐々学：「小佐々前親」『日本獣医学人名事典』日本獣医史学会発行（2007）
6) 小佐々学：「国の史跡になった小佐々市右衛門前親と愛犬ハナ丸の墓」『日本獣医史学雑誌』43号（2006）
7) 金井弘夫：『地名レッドデータブック』アポック社出版局（1994）
8) 長崎新聞「大村藩ゆかりの義犬―町おこしに華丸活用」平成27年2月11日付（2015）
9) 長崎新聞「大村藩の義犬『華丸』石像に一子孫『小佐々氏会』が設置、『たくさんなでてやって』」平成27年5月13日付（2015）
10)「義犬華丸」顕彰実行委員会発行：｜義犬華丸」顕彰記念講演会・顕彰記念式典前夜祭のご案内（2015）
11) 大村市秘書広報課編：「義犬華丸に思いを馳せて」『広報おおむら』平成27年6月号、大村市発行（2015）
12) 西日本新聞「義犬『華丸』目指せハチ公、長崎・大村で地域おこし　石像、ゆるキャラ…『動物愛護発祥の地に』」平成27年6月13日付（2015）
13) 長崎新聞「日本の動物愛護『大村が発祥地』―獣医史学会理事長が講演」平成27年6月21日付（2015）
14) 西日本新聞「江戸時代の『義犬華丸』に光を―365回忌記念石像を除幕」平成27年6月22日付（2015）
15) 毎日新聞「大村・本経寺『華丸』の記念碑建立―観光資源化も期待」平成27年6月22日付（2015）
16) 東海愛知新聞「義犬華丸石像を建立―岡崎市の石彫家長岡和慶さん・長崎県大村市の国指定史跡に」平成27年7月9日付（2015）
17) 共同訳聖書実行委員会：「旧約聖書・創世記」『聖書』日本聖書協会（1989）
18) 松田毅一、E・ヨリッセン共著：『フロイスの日本覚書』中央公論社（1983）
19) ルイス・フロイス著、岡田章雄訳注：『ヨーロッパ文化と日本文化』岩波書店（1991）
20) 本居宣長撰・倉野憲司校訂：『古事記伝』岩波書店（2003）
21) 井上光貞監訳：『日本書紀 下』中央公論社（1987）
22) 秋本吉郎校注：「播磨国風土記」、『風土記』岩波書店（1994）
23) 板倉聖宣：『生類憐みの令―道徳と政治』仮説社（1992）
24) 塚本学：『生類をめぐる政治』平凡社（1993）
25) 根崎光男：『生類憐みの世界』同成社（2006）
26) 小佐々学：「日本在来馬と西洋馬―獣医療の進展と日欧獣医学交流史―」、『日本獣医師会雑誌』64巻、6号（2011）
27)「伴喜内著 越之風車・巻之五　一（逸）物成犬之事」新潟県立歴史博物館蔵
28) オールコック著・山口光朔訳：『大君の都』中、岩波書店（1962）

29）平野龍之介：『義人釜鳴屋平七とオルコック愛犬物語』熱海漁業協同組合（1962）
30）「新撰士系録 大村氏・小佐々氏・根岸氏・片山氏」大村市立史料館蔵
31）「源姓小佐々氏系図」、小佐々家蔵
32）嘉村国男：『長崎町づくし』長崎文献社（1986）
33）外山幹夫：「福田家文書・福田十郎左衛門長方由緒書写」『中世九州社会史の研究』吉川弘文館（1983）
34）藤野保編：「崎戸浦迫合」『大村郷村記』第六巻（1982）
35）濱田青陵：『天正遣欧使節記』岩波書店（1931）
36）岡本良知訳注：『九州三候遣欧使節行記』東洋堂（1943）
37）東京大学史料編纂所編：『大日本史料』第十一編 別巻之一・別巻之二（1959・1961）
38）結城了悟：『ローマを見た―天正少年使節』日本二十六聖人記念館（1982）
39）小佐々学：「天正遣欧少年使節中浦ジュリアンの出自について」『大村史談』35号（1989）
40）小佐々学：「近江源氏小佐々氏と中浦ジュリアン」『長崎県地方紙だより』35号（1990）
41）結城了悟：『新史料 天正少年使節』南窓社（1990）
42）松田毅一：『天正遣欧使節』朝文社（1991）
43）小佐々学：「小佐々弾正・甚五郎塚と中浦ジュリアン」『大村史談』48号（1997）
44）日本史広辞典編集委員会編：「中浦ジュリアン」『日本史広辞典』山川出版（1997）
45）永原慶二監修：「中浦ジュリアン」、『岩波日本史辞典』岩波書店（1999）
46）小佐々学：「小佐々水軍と中浦ジュリアン」、『大村史談』51号（2000）
47）小佐々学：「小佐々水軍城とその関連遺構―戦国期に五島灘を支配した小佐々水軍の本城と居館群跡」『城郭史研究』23号（2003）
48）小佐々学：「中浦ジュリアン神父の列福と天正遣欧使節ゆかりのラテン語の古書」『大村史談』59号（2008）
49）小佐々学：「天正遣欧少年使節中浦ジュリアン神父の列福とローマ教皇ベネディクト十六世に謁見して」『大村史談』60号（2009）
50）小佐々学：「小佐々水軍城と西海の城―東アジアの城郭との関わりについて」『海路』11号（2013）
51）小佐々学：「福者中浦ジュリアン神父と中浦城主小佐々氏の家系―中浦城主家子孫に伝わる「源姓小佐々氏系図」について」『キリシタン文化研究会会報』142号（2013）
52）五野井隆史：「第4章 対外関係（貿易・キリシタン史）、第5節 天正遣欧使節と大村氏、三 使節の一行について」『新編大村市史 第二巻中世編』大村市（2014）
53）スタンレー・コレン著、木村博江訳：「主人の帰りを待ち続ける犬たち」『犬があなたをこう変える』文藝春秋（2011）
54）林正春編・発行：『ハチ公文献集』理想社印刷・非売品（1991）
55）千葉雄著・発行：『忠犬ハチ公物語―ハチ公は本当に忠犬だった』大館乳版社（2007）
56）『特別展 ハチ公』：白根記念渋谷区郷土博物館・文学館発行（2013）
57）松尾信一・白水完児・村井秀夫：『日本農書全集』60畜産・獣医、農山漁村文化協会（1996）
58）中山裕之・内田和幸：「新たに判明した忠犬ハチ公の死因について」『日本獣医史学雑誌』49号（2012）
59）仁科邦男：「忠犬ハチ公はこうして誕生した」『動物文学』70巻2号（2004）
60）東京大学大学院農学生命科学研究科編著：「農学ユニーク紳士録」『農学・21世紀への挑戦』世界文化社（2000）
61）平岩米吉：「恩を忘れるな（昭和十年四月・子供の詩研究）」『私の犬』築地書館（1991）
62）このチラシは、平成25年に白根記念渋谷区郷土博物館・文学館で開催された「特別展 ハチ公」に出品展示されたチラシ実物（個人蔵）の記載内容をメモしたものです。一方、54）の『ハチ公文献集』収載の銅像建設趣意書には、「文部省社会教育局皇国精神会」や「三業花柳地の待合の名前」は載っていません。
63）一ノ瀬正樹・正木春彦編：『東大ハチ公物語―上野博士とハチ、そして人と犬のつながり』東京大学出版会（2015）
64）川内小学校編：「忠犬タマ公」村松町立川内小学校（1962）
65）瀧澤惣衛：『新潟駅の忠犬タマ公』コーエイ印刷（1982）
66）綾野まさる作・日高康志画：『奇跡の犬タマ公―ハチ公もびっくりの忠犬がいた』ハート出版（2009）
67）日本獣医史学会ホームページ　http://jsvh.umin.jp

第3章
石像になった「華丸」、平成の世によみがえる

「華丸」は
大仏師・石彫家
長岡和慶氏の
手による
愛らしい幼犬の姿で
ちょこんと座っている

「華丸」の石像は
「華丸365回忌」を
記念して2015年6月
「大村藩士・小佐々氏
子孫の会」の手により
建立された

「義犬華丸」顕彰までの歩み

華丸の365回忌を記念して、本経寺境内に「義犬華丸」の顕彰碑と石像が建立された。法要に合わせておこなわれた除幕式では、列席者や地元の報道関係者が見守るなか、平成の世によみがえった新しい「華丸」がお披露目されたのである。

日本獣医史学会理事長・獣医学博士　小佐々 学

◆義犬華丸顕彰事業

　平成24年（2012）夏のことでしたが、長崎空港がある大村市の獣医師会員有志から、本経寺にある小佐々前親の愛犬「義犬華丸」の墓を活用して、「町おこし」に役立てることができないだろうかという相談がありました。筆者の先祖である中浦ジュリアン（幼名・小佐々甚吾）はキリシタン大名大村純忠により天正遣欧少年使節の一員としてローマに派遣されていますし、また大村城下は江戸時代には大村藩の上級藩士として幕末までお世話になった土地柄です。また、大村藩内にあった小佐々一族の史跡や中浦ジュリアン研究のため、大村市の郷土史会である大村史談会に昭和63年（1988）に入会して、その後に理事を務めており、現在は名誉会員になっている関係で知人も多く、また松本崇市長とは平成2年（1990）の天正遣欧少年使節帰国四百年祭の式典に招待されて以来の親しい間柄でした。

　大村市の皆様のために役立つなら異存はありませんから、筆者は小佐々一族である小佐々氏会の会長という立場から積極的に協力することに決めました。

（1）義犬華丸顕彰碑建立の経緯

　本経寺の建物、墓所や本堂前の広場などの境内のほとんどが国指定史跡です。「町おこし」のために義犬華丸の墓を宣伝すると、古墓所を訪れる愛犬家や観光客などが増えて、供物や供花などで史跡が汚れたり、旧い灯籠などに触れて倒れたりすれば史跡の損壊や傷害事故などが発生する可能性があります。この状態のままで義犬華丸の墓を宣伝すれば、史跡管理責任者である本経寺は大変難しい問題を抱え込むことになるのです。

　平成25年（2013）5月の長崎での小佐々氏会総会の帰路に大村に寄って、前親と華丸の供養祭を行なうと共に、ご住職とこの件を話し合うことになりました。そこで、小佐々氏会会長で日本獣医史学会理事長の筆者と、筆者の実姉で小佐々氏会幹事の赤坂動物病院の柴内裕子総院長、小佐々氏会特別会員で（一財）J-HANBS会長・ダクタリ動物病院の加藤元総合院長、小佐々氏会特別会員で（公社）Knotsの冨永佳与子理事長の他に、（公社）長崎県獣医師会の池尾辰馬会長、（公社）長崎県獣医師会大村支部で堤動物病院の堤清蔵院長と（公社）長崎県獣医師会大村支部で大村市議会の神近寛議員の7名が参列して、本経寺の佐古亮景住職により古墓所にある小佐々前親と義犬華丸の墓前で供養祭が執り

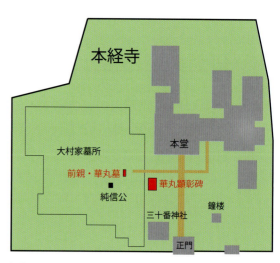

来訪者が華丸顕彰碑を参拝すると、その延長線上に前親と華丸の墓碑が建っている。石像の華丸を撫でながら、義臣と義犬の冥福を祈ることができる位置関係になっている。

小佐々市右衛門前親と義犬華丸の平成25年5月の法要：佐古亮景住職(中央)、柴内裕子総院長(右)と筆者〔大村市・本経寺古墓所〕

平成25年5月の法要の参列者：右から堤院長、神近市議、池尾会長、加藤総合院長、筆者と柴内総院長

行われました。

　その後、堤院長宅に招待されて、佐古亮景住職、堤院長、筆者、柴内総院長、加藤総合院長、冨永理事長の6名での昼食会があり、義犬華丸による「町おこし」への対応策が話し合われました。その結果、佐古住職の提案で古墓所に愛犬家や観光客が入らなくてもいいように、本堂前の広場に義犬華丸の顕彰記念碑をつくって、華丸墓への来訪者は、この顕彰記念碑だけを参拝して帰って頂くようにしようという話になりました。

　ところが、本堂前の広場も国指定史跡で、大村市教育委員会文化振興課経由で、本経寺が文化庁宛に史跡の一部変更申請をして正式な建設許可を受ける必要があることが判明しました。そこで、佐古住職の尽力により本経寺役員会で本堂前広場の古墓所入口近くの藤棚の下を建設予定地にして頂き、申請作業を行うことが決定されました。その後は、文化振興課の協力で申請作業が行われました。

　一方、平成26年（2014）6月に小佐々氏会総会が東京で行われ、翌年6月の前親と華丸の365回忌を顕彰して、本経寺が決めた場所に「義犬華丸の顕彰墓碑」と「華丸石像」を、小佐々氏会会員の寄付でつくることが正式に承認されました。

　平成27年1月16日に待望の文化庁の許可が下りて、神近市議、堤院長、大村市観光振興課や長崎インターナショナルホテルなどの協力で、365回忌の記念行事を行うための「義犬華丸」顕彰実行委員会の設立準備が進められました。

(2)「義犬華丸」顕彰実行委員会

　6月の義犬華丸365回忌に大村で顕彰事業を開催するため、2月9日に最初の「義犬華丸」顕彰実行委員会が開催されました。その後は月に1～2回会議が開催されており、以下の各種団体や市などの代表16名が役員や委員などになって事業計画が立案・推進されました。

　会長は（公社）長崎県獣医師会大村支部長でわたなべ動物病院の渡邊方親院長です。副会長は（一社）大村市観光コンベンション協会会長で

◆「義犬華丸顕彰碑」参拝者へのお願い

　本堂前広場の藤棚の下にある顕彰墓碑を拝めば、後方の塀越しに古墓所にある前親や華丸の墓を参拝することになります。華丸石像を撫でて可愛がっていただけると嬉しいです。
　一方、古墓所を参拝・見学される方は、必ず本経寺の受付に届け出て許可を受けて下さい。また、犬を連れて境内に入ることは出来ません。貴重な国指定史跡の保存処置ですから、皆様のご協力をお願いします。

シーハット大村さくらホールで講演をおこなう筆者〔シーハット大村さくらホール〕

　(株)合同タクシーの酒井辰郎社長です。事務局は3名で、(株)長崎インターナショナルホテルの渡邊憲市代表取締役専務と同ホテルの小村慎吾取締役総支配人で、また事務局長は同ホテルの梁瀬道利営業支配人です。監事は大村商工会議所の雄城勝専務理事と同所の福重文男事務局長です。顧問は3名で、日本獣医史学会理事長で小佐々氏会会長の筆者、(宗)萬歳山本経寺の佐古亮景住職、(公社)長崎県獣医師会大村支部で大村市議会の神近寛議員です。委員は6名で、大村市観光振興課の太田武義課長、大村史談会の氏福治隆会長、(一社)大村市観光コンベンション協会の三根雅之専務理事、(公社)長崎県獣医師会の池尾辰馬会長、(公社)長崎県獣医師会大村支部で堤動物病院の堤清蔵院長、大村史談会監事で小佐々氏会監事の岩崎岑夫氏です。

　この実行委員会で、6月20日(土)開催予定の「義犬華丸」顕彰記念講演会(シーハット大村さくらホール)と「義犬華丸」顕彰記念式典前夜祭(長崎インターナショナルホテル)は、「義犬華丸」顕彰実行委員会主催で寄付を募って開催することになりました。

　一方、本経寺本堂前広場に建設する365回忌顕彰記念碑である「義犬華丸顕彰墓碑」と「義犬華丸石像」の建立と共に、6月21日(日)開催予定の小佐々市右衛門前親と義犬華丸365回忌法要(小佐々氏会会員のみ・本経寺古墓所)や「義犬華丸」365回忌顕彰記念碑落成式典(本経寺本堂前広場)と「義犬華丸」365回忌顕彰記念碑落成パーティ(長崎インターナショナルホテル)は小佐々氏会の主催で、小佐々氏会会員から寄付を募って建設・開催されることになりました。

　その後、顕彰実行委員会は顕彰記念講演会や記念式典前夜祭の案内チラシの発行・配布を、また大村市は『広報おおむら』6月号に義犬華丸の史実や顕彰記念行事の特集記事と共に、義犬華丸と美犬華子のマスコット・キャラクターを掲載して市民に広く紹介しました。[10.11]

(3)「義犬華丸」顕彰記念講演会:シーハット大村さくらホール

　6月20日(土)午後2時から開催された講演会は、予定通りに行われて無事終了しました。

　先ず講演の前に、「愛犬絵画・フォトコンテスト」の

表彰式が行われ、「義犬華丸」顕彰実行委員会の渡邊会長から、受賞者に賞状と賞品が贈られました。

記念講演はスライドを使って、次の4名の演者によって行われました。

①「大村藩の寺社再興と本経寺の役割」
　　久田松和則：文学博士・富松神社宮司・大村史談会副会長

②「日本愛犬史―義犬華丸と動物愛護史―」
　　小佐々　学：獣医学博士・日本獣医史学会理事長・大村史談会名誉会員

③「21世紀こそ伴侶動物が必要―動物介在活動・動物介在療法・動物介在教育について―」
　　柴内裕子：赤坂動物病院総院長・日本動物病院福祉協会顧問

④「華丸を活かしたこれからの取り組み」
　　松本　崇：大村市長

司会者：冨永佳与子（公社）Knots理事長・長崎市観光大使

大村市の富松神社の久田松宮司は、日本最初のキリシタン大名・大村純忠の嫡子・喜前を初代藩主とする大村藩が、幕府のキリスト教禁教を受けて、日蓮宗に改宗して菩提寺とした本経寺の歴史的役割について話されました。詳しい講演内容は本誌第1章に掲載されていますのでご覧下さい。

筆者の講演は、全国各地の犬の墓を紹介して、「義犬華丸」の墓は日本最古の史実の犬の墓であることから、大村は日本の動物愛護発祥の地であり、世界のヒューマン・アニマル・ボンド（人と動物の絆）の聖地といえると共に、江戸時代初期の大村城下は伴侶犬を大切にしていたことから、文化レベルが高かったことなどを話しました。講演の詳細は本誌2章をご覧下さい。

柴内総院長の講演は、人と動物のふれあい活動（CAPP活動）を長年にわたって実践してきた経験から、人と動物とのふれあいと相互作用から生まれる効果の重要性から、21世紀こそ人と動物の健康と

顕彰記念講演会で「義犬華丸を活かした動物愛護による歴史観光宣言」をする松本崇大村市長

福祉と教育への活用を目指すヒューマン・アニマル・ボンド活動を一層推進することの大切さを話されました。重要な講演内容ですが、多くの講演会や専門書などですでに紹介されていますので、今回は紙面の都合で講演内容を割愛しますのでご了承下さい。

松本崇大村市長は、大村には江戸時代初期から犬を大切にする文化があったという史実を受けて、広く市民に生命の尊さやぬくもり、人と動物の絆の大切さを認識して頂き、動物愛護の精神と自然保護を周知し、平成18年に策定した「歴史を活かした観光振興計画」により、「人・町・歴史・自然が輝く観光交流都市『おおむら』の将来像へと繋げる」ように、次のような歴史観光宣言が行われて講演会は終了しました。

「義犬華丸」を活かした動物愛護による歴史観光宣言

一、「義犬華丸」の遺志を受継ぎ、動物愛護思想の普及啓発に取り組んで参ります。
一、新たなマスコット・キャラクター「義犬華丸くん」と「美犬華子ちゃん」を活用し、観光PRに務めて参ります。
一、「動物愛護の聖地」として、人と動物が共生する癒しの街づくりを、市民とともに目指して参ります。

平成二十七年六月二十日　大村市長　松本　崇

にぎやかに開催された前夜祭パーティ〔長崎インターナショナルホテル〕

前夜祭パーティで開会挨拶をする渡邉方親実行委員会会長

前夜祭パーティで来賓挨拶をする佐古亮景本経寺住職

前夜祭パーティで来賓挨拶をする小佐々氏会会長の筆者

義犬華丸顕彰記念碑の建立に尽力された佐古亮景本経寺住職(右)と小佐々氏会会長の筆者

義犬華丸顕彰事業に協力された渡邉方親実行委員長(右)、松本崇大村市長(左)と小佐々氏会会長の筆者

顕彰記念碑落成式典で除幕前に主催者挨拶をする小佐々氏会会長の筆者〔本経寺顕彰記念碑前〕:右側奥の古墓所に小佐々前親と義犬華丸の墓がある

落成式典で除幕式を行う顕彰実行委員会代表(右側)と小佐々氏会代表(左側)

落成式典で回向文を読誦する佐占亮景住職

顕彰記念碑を建立して式典を主催した小佐々氏会会員有志一同〔本経寺顕彰記念碑〕

除幕された義犬華丸石像を撫でる小佐々氏会会長の筆者

華丸石像の頭を撫でる柴内裕子赤坂動物病院総院長と孫の森正博貴くん

華丸石像を撫でる小佐々氏会特別会員のダクタリ動物病院加藤元総合院長（右）と小佐々氏会の松尾茂名誉幹事

華丸石像を撫でる小佐々氏会特別会員で長崎市観光大使の(公社)Knots冨永佳与子理事長（右）と筆者

義犬華丸石像を撫でる落成式典参列者：顕彰墓碑の裏面には132文字の漢文の碑文が復刻されている

顕彰記念碑落成パーティで乾杯の挨拶をする久田松和則富松神社宮司〔長崎インターナショナルホテル〕

顕彰記念碑落成パーティで来賓挨拶をする佐古亮尊本経寺院首

長崎県獣医師会大村支部の堤動物病院堤清蔵院長（左）と神近寛市議会議員

大村商工会議所の雄城勝専務理事（左）と大村市観光振興課の太田武義課長

大村史談会の氏福治隆会長（左）と長崎インターナショナルホテルの渡邉憲市専務

(4)「義犬華丸」顕彰記念式典前夜祭：長崎インターナショナルホテル

　講演会後の20日（土）午後6時半から、翌日に行われる顕彰記念式典の前夜祭パーティが行われました。主催者の「義犬華丸」顕彰実行委員会の渡邉方親会長の開会挨拶にはじまり、松本崇大村市長、本経寺の佐古亮景住職や筆者の挨拶後に、顕彰実行委員会の酒井辰郎副会長による乾杯がありました。赤坂動物病院の柴内裕子総院長やダクタリ動物病院の加藤元総合院長の祝辞があり、実行委員会顧問の神近寛市議のお礼の挨拶のほか、マスコット・キャラクター作成に協力頂いた大村市観光振興課の松尾礼子さんのスピーチなどがありました。大村市役所・長崎県獣医師会・大村市観光コンベンション協会・大村商工会議所・大村史談会・長崎インターナショナルホテルなどの実行委員会関係者、本経寺や小佐々氏会関係者など多数の皆様が出席して義犬華丸顕彰式典前夜祭パーティは盛会で終了しました。

(5) 小佐々市右衛門前親と義犬華丸365回忌法要：本経寺古墓所

　翌21日（日）の午前9時半から小佐々氏会の主催で、本経寺の古墓所の前親と華丸の墓前で365回忌法要が、佐古亮景住職と佐古亮尊院首など本経寺により丁重に執り行われました。今回の一連の行事は「義犬華丸」が主役ですが、小佐々家の子孫にとっては同じ日に逝去した華丸の主人である前親の供養が重要なのです。大勢の人が古墓所に入らないように、参列者は小佐々氏会会員に限定させて頂きましたが、無事に法要を終えることができました。

(6)「義犬華丸」365回忌顕彰記念碑落成式典：本経寺本堂前広場

　21日午前10時半から本堂前の藤棚の下にある、除幕式用の白幕を掛けられた顕彰記念碑前に約百名が参列して、落成式典や法要と開眼供養が行われました。まず建立者の小佐々氏会を代表して筆者による開会挨拶があり、小野道彦副市長により松本崇市長の祝辞の代読がありました。次いで、小佐々氏会代表者6名と、実行委員会代表者6名に副市長が加わって、左右に別れて紅白の綱を引いて除幕され、「義犬華丸顕彰墓碑」と「義犬華丸石像」が参列者に披露されました。続いて、佐古亮景住職と佐古亮尊院首など本経寺により法要が執り行われ、住職により回向文（とくしょう）が読誦されて、義犬華丸石像の開眼供養が行われました。その後は参列者全員が焼香して、小佐々氏会の柴内裕子幹事の閉会挨拶で落成式典は終了しました。式典終了後は、参列者の皆様が順番に並んで可愛い華丸石像の頭を撫でて下さいました。今後とも、大村市民だけではなく、全国各地の愛犬家や観光客の皆様に愛されて、華丸石像をたくさん撫でて頂けますよう願っています。

(7)「義犬華丸」365回忌顕彰記念碑落成パーティ：長崎インターナショナルホテル

　21日12時から義犬華丸顕彰行事の最後として記念碑落成パーティが開催されました。筆者による開会挨拶後に、本経寺の佐古亮尊院首や九州大学の丸山雍成名誉教授などの来賓挨拶があり、次いで富松神社の久田松宮司による乾杯があり、本経寺の佐古亮景住職夫妻をはじめ本経寺護寺会や婦人部の代表者、義犬華丸顕彰実行委員会の皆様や小佐々氏会会員が参加して和気あいあいの雰囲気でパーティが行われました。最後に、小佐々氏会の真崎やす子名誉幹事による閉会挨拶で無事に一連の行事を終えることができました。

　以上のとおり、義犬華丸顕彰事業は無事終了いたしましたが、顕彰記念講演会や365回忌顕彰記念碑落成式典は、長崎新聞、毎日新聞、西日本新聞などの新聞各紙に記事が掲載されました。また、NHK長崎放送局や民間放送各社に取材されて21日夕方や22日朝のニュースで放送されました。さらに、地元のおおむらケーブルテレビは一連の顕彰事業を詳しく放送しました。

義犬華丸365回忌顕彰記念碑：顕彰墓碑と華丸石像〔大村市本経寺〕

義犬華丸顕彰記念碑右側面

義犬華丸顕彰墓碑左側面

石彫家長岡和慶大仏師制作の義犬華丸石像(正面)

　顕彰事業の前日までは雨模様が続きましたが、顕彰記念行事の20日と21日は好天となり、関係者各位の協力により前親と華丸の365回忌という大きな記念行事を無事終えることができましたことを心から感謝いたします。

華丸石像は丸々とした子犬の姿を写している

◆**義犬華丸顕彰墓碑と義犬華丸石像の制作**

　今回、本経寺の国指定史跡地内に新たに建立された義犬華丸顕彰記念碑である顕彰墓碑と華丸石像について以下に説明します。

(1) 義犬華丸顕彰墓碑

　顕彰墓碑は、古墓所にある立石塔と同様に高さ90cmの同形の墓碑です。華丸の位牌の写と同様に、前面には「義犬華丸霊」の文字が、向かって左側面には「慶安三庚寅年六月十八日 小佐々市右衛門前親之家犬 御狆」の文字が刻まれました。後面には、華丸墓に彫られている132文字の漢文の由緒書が復刻されました。右側面には「平成二十七年六月十八日 義犬華丸三百六十五回忌法要記念　碑文　宇多源氏第三十八代　小佐々氏会会長　小佐々学筆」の文字が刻まれています。

　この台座には、向かって左側面から後面にかけて寄付者の正会員一族有志24名と特別会員有志3名の氏名が、また右側後方には賛助会員2団体の名前が、さらに右側前方には本経寺住職の法名が「萬歳山本経寺第三十五世日總代」として刻まれています。

　この顕彰墓碑は、ここを拝むとその後方の塀越しに、古墓所にある前親と華丸の墓も一緒に拝めるという好位置にあります。

(2) 義犬華丸石像

　顕彰墓碑の右隣に設置された華丸石像は、可愛らしい狆の幼犬をイメージしてつくられました。この石像は、小佐々家が飼っていた2匹の狆の幼犬を描いた大村藩出身画家の荒木十畝画「旭日双狗児図」(あらきじっぽ きょくじつそうくじず)（小佐々学所蔵）をモデルにして、小佐々氏会会員の森正(柴内)晶子氏や筆者の長女の大久保修子と次女の小林朋子の3名の協力で石像原画が制作されました（P76を参照）。

　その原画をもとにして、比叡山延暦寺・高野山持明院・三井寺・永平寺などの名刹に石仏を納め、大英博物館やドイツのライプチヒ民族博物館などが作品を収蔵し、大仏師(だいぶっし)の尊称で呼ばれる有名な石彫家・長岡和慶師（愛知県岡崎市在住）に石像を制作して頂きました。

　高さ30cmの台座の上に置かれている華丸石像は、愛知県産の花沢石（花崗岩）を原石にして、高さ31cm・長さ26cm・幅19cmの左右対称の安定した体形です。子供から大人まで多くの皆様に触って撫でて貰えるように、特別に砥石で本磨き仕上げをしており、表面はツルツルで滑らかになっています。

　なお、石像台座の前面には「義犬華丸像　三百六十五回忌　平成二十七年六月十八日」が、右側には「華丸石像寄贈　赤坂動物病院　柴内裕子　柴内晶子」、「華丸石像原画制作　森正晶子　大久保修子　小林朋子」と「華丸石像制作　長岡和慶」が、後面には「顕彰記念碑寄贈　小佐々氏会会長　小佐々学　会員有志一同」と「顕彰記念碑制作　中田石碑店」が刻まれています。

(3) 記念碑の説明看板と「日本の動物愛護発祥の地・大村」

古墓所にある前親と華丸の墓碑を背にたたずむ顕彰墓碑と華丸石像

　看板の右側には『小佐々市右衛門前親の愛犬「義犬華丸」三百六十五回忌顕彰記念碑』の説明と、左側には『小佐々市右衛門前親の「義犬華丸」顕彰墓碑裏面の碑文の訓読』とが載った大型看板が記念碑の後方に設置されています。後者はすでに記述していますので、前者を以下に紹介します。

　小佐々市右衛門前親の愛犬「義犬華丸」三百六十五回忌顕彰記念碑：
　「華丸」は、肥前国大村藩三代藩主大村純信公の傅役で家老の小佐々前親の愛犬でした。純信公が三十三歳の若さで江戸表で急逝したとの悲報に接し、前親は自ら守り育てた公の死を悼み追腹して殉死した。さらに、前親の荼毘の時、華丸が泣き悲しんで、火中に飛び込んで後を追い果てた。藩主に殉じた「義臣前親」と、主人に殉じた「義犬華丸」の死を供養するため、高さ約三mの前親の大型墓碑と九十cmの華丸の小型墓碑が建てられた。
　華丸の墓には百三十二文字に及ぶ漢文の由緒書が刻まれており、この墓が建てられた経緯と共に、前親と華丸とはお互いに親しみ合っており、前親は華丸を愛して常に膝元に抱いていたことなど、主人と愛犬の交情が見事に活写されている。
　これは慶安三（一六五〇年）六月十八日のことであり、犬公方と呼ばれた五代将軍徳川綱吉による動物保護法「生類憐みの令」より三十五年も前に建てられている。「義犬華丸」の墓は、現存する日本最古の史実の犬塚（犬の墓）であり、世界の動物愛護史上でも他に類例を見ない極めて貴重な記念碑である。
　ここは、日本の「動物愛護発祥の地」とされており、世界的な「ヒューマン・アニマル・ボンド（人と動物の絆）の聖地」といえよう。
　　　　平成二十七年六月十八日

日本獣医史学会理事長・小佐々氏会会長
　　小佐々　　学
萬歳山本経寺住職
　　佐古　　亮景

「旭日双狗児図」大村藩出身画家の荒木十畝が描いた小佐々家の狆の子犬の掛軸〔小佐々学所蔵〕

「旭日双狗児図(部分)」の白黒と白茶の狆の子犬

義犬華丸顕彰実行委員会会長
　渡邊　方親
（一社）大村市観光コンベンション協会会長
　酒井　辰郎
大村商工会議所会頭
　角谷　省一
大村史談会会長
　氏福　治隆
（公社）長崎県獣医師会会長
　池尾　辰馬
長崎インターナショナルホテル代表取締役専務
　渡邊　憲市

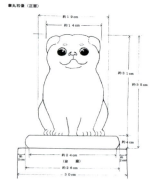

小佐々氏会一族の森正(柴内)晶子氏、大久保修子氏と小林朋子氏が制作した義犬華丸石像の原画

◆「義犬華丸くん」と「美犬華子ちゃん」の
マスコット・キャラクター

　義犬華丸を地元に広く理解してもらい、全国各地に発信して大村市を宣伝するためのキャラクターは、筆者のアイディアで男の子（雄）と女の子（雌）の2匹のカップルになりました。

　筆者が所蔵する「旭日双狗児図」には、白黒と白茶の2匹の狆の幼犬が描かれています。狆の毛色は白黒が普通ですが、白茶は茶狆と呼ばれて今では珍しい毛色です。そこで、これらの2種類の毛色を有効活用するために、白黒の男の子と白茶の女の子のカップルにすることを思いつきました。また、呼称も筆者のアイディアで、語呂合わせをして「義犬」に対して「美犬」という新しい造語をしており、さらに「華丸」に対して「華子」という名前までつけました。白

マスコットキャラクター「義犬華丸くん」と「美犬華子ちゃん」

黒の「義犬華丸」と白茶の「美犬華子」というネーミングは、プロのコピーライターからも評価されています。

キャラクターの画像の仕上げは、大村市観光振興課の松尾礼子さんにお願いしました。前述した石像原画と「旭日双狗児図」を参考にして作画してもらい、筆者のメールによる修正・指導で最終的なキャラクターが出来上がりました。

華丸の頭上にある円形の黒い毛色は、江戸時代に「侍斑（さむらいはん）」と呼んで珍重された狆の毛色ですが、筆者のアイディアで義犬にふさわしいので付け加えました。また、松尾さんのアイディアで華子には名前のとおり耳に花が付き、睫毛が付きました。

特に、筆者がキャラクターを可愛く見せるために強調したのは眼で、見る人をじっと見つめるようにしました。最近、やっと科学的に証明されましたが、人と犬とが見つめ合うことで愛情ホルモンのオキシトシンが分泌されて、人も犬も癒されることが判ってきたのです。義犬華丸くんと美犬華子ちゃんを見た多くの皆様が可愛いと感じるのは、長年にわたって動物愛護史を研究してきて「見つめ合い」の重要性を認識していた筆者による作画指導の成果だと自負しています。

地元である大村の今後の活用法次第ですが、有名な熊本の「くまもん」に対抗できる可能性を秘めたマスコット・キャラクターだといわれています。ぬいぐるみ人形、携帯ストラップ、キイホルダー、ガラスや陶器のマグカップなどの土産品類や、クッキーなどの菓子類、魚や食肉などの加工食品類、野菜や果物など生鮮食品類の包装や段ボールの箱に添付するなど、多種多様な活用法があると思います。また、地元で「着ぐるみ」を作って、動くゆるキャラによる「ゆるキャラグランプリ」出場などの広報活動が望まれます。なお、「華丸くん」と「華子ちゃん」のシールとピンバッジは、長崎インターナショナルホテルですでに販売されていますので、ご利用下さい。

「義犬華丸くん」と「美犬華子ちゃん」のキャラクターは無償で大村市に供与してありますので、商業目的や宣伝用に有効活用したい方は大村市観光振興課に問い合わせて下さい。本経寺に建立した顕彰記念碑と共に、義犬華丸くんと美犬華子ちゃんのキャラクターが大村の町おこしに役立つのを願っています。

2 石像になった華丸

多くの市民に親しんでもらえるよう、本経寺本堂前広場に設置された華丸石像。関係者のさまざまな思い入れ、こだわりが形になった。

◆たくさんなでてほしいワン！

　コロリとしたフォルムの「華丸」石像は、思わず頭をなでたくなる愛らしさだ。石という素材からくる冷たさははなく、滑らかな丸さが手に優しく、むしろ温かみさえ感じられる。

　石の姿でちょこんと座り、この地から動物愛護の精神が広がっていくことを祈りつづける華丸なのである。

たくさんの手になでられて

目の上のまゆのようなものは子犬の特徴だという。デフォルメとリアルが混在する

◆年月を経て、やがて完成する

　華丸像は、大きくデフォルメされている一方で、背後に回ると、犬の背骨の出っ張りまでが表現されている緻密さに驚かされる。その制作にはさまざまなこだわりがあるという。

　「腹が丸く手足も太い、子犬のような姿になっています。丸く大きい目のうえの眉のような出っ張りも、子犬にしかない特徴。多くの人に触ってもらえるよう砥石を使って丹念に磨きを入れました。人や自然が年輪を加えながら、義犬華丸の姿を徐々に完成させていくと信じています」と、制作にあたった長岡和慶（ながおかわけい）氏は語った。

後ろ姿は生身の犬のよう

広い庭の一角に座りつづける

◆平成版「華丸」の生みの親
石彫家・大仏師、長岡和慶（ながおかわけい）氏

　まろやかで愛らしい姿の華丸石像は、愛知県岡崎市の工房で活動する石彫家の長岡和慶氏によって造られた。氏は22歳のとき、兄で仏師・石彫家の煕山（きざん）師に勧められて石仏彫刻の世界に入る。東大寺・比叡山延暦寺・永平寺等、数多くの石仏や石像を建立、平成12年には滋賀県三井寺より戦後初、石仏では初の「大仏師」の称号を兄弟で受けた。細部まで妥協を許さない作風で、代表作はイギリス大英博物館に収蔵されるなど、国内外で高く評価されている。

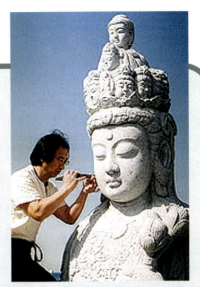

③ おおむらに花咲け！ヒューマン・アニマル・ボンド

「動物愛護による歴史観光宣言」を出した大村市では、「義犬華丸」を生かした新たな動きがはじまっている。すでに開催されている講演会や犬のしつけ教室など、動物愛護や健全なペット飼育のための啓発イベントのほか、「華丸」時代の歴史に触れる勉強会や観光イベントも広く催されることとなろう。今後の展開に注目したい。

◆「華丸」顕彰記念イベント、華やかに

　顕彰碑除幕式典前日の平成27年6月20日、顕彰記念講演会と前夜祭パーティが開催された。

　シーハット大村のホールでおこなわれた講演会では、大村市主催「愛犬絵画・フォトコンテスト」の受賞者表彰式に続いて、小佐々前親の子孫・日本獣医史学会理事長・獣医学博士の小佐々学氏、小佐々学氏の実姉で「人と動物とのふれあい活動」による動物介在活動（AAA）・動物介在療法（AAT）・動物介在教育（AAE）の第一人者である柴内裕子氏、富松神社宮司・文学博士の久田松和則氏、大村市長の松本崇氏が演者として壇上にあがった。ヒューマン・アニマル・ボンド（人と動物の絆）や「華丸」当時の歴史的背景、観光資源としての可能性など、それぞれの立

愛犬絵画・フォトコンテストの授賞式で壇上にあがる授賞者たち（大村市提供）

場・観点からの講演に、参加した市民たちが耳を傾けていた。

「義犬華丸」顕彰記念講演に聞き入る市民（大村市提供）

大上戸川を愛犬とともに渡る。いつもと違うお散歩に、犬たちもワクワク（大村市提供）

史跡を訪ねながらのウォーキング（大村市提供）

より良い関係を築くためのしつけ教室（大村市提供）

◆ウチの子もいっしょにね。「義犬華丸さるく」

　顕彰記念講演会と同日の午前中には、愛犬とともに大村市内を散策するイベント、「義犬華丸さるく」もおこなわれた。参加者とその愛犬たちは、華丸の眠る本経寺前を出発し、旧長崎街道周辺の史跡や大上戸川沿いの遊歩道など約2キロを楽しく歩いた。ちなみに「さるく」とは、町をぶらぶら歩くという意味の長崎弁である。ゴールになった市内の動物病院では、付設のドッグランを会場にしつけ教室も開かれた。

　飼い主ファミリーと愛犬たちのあいだに、前親と華丸のような、人と犬との深い絆が感じられた「さるく」となった。

◆マスコット・キャラ「義犬華丸くん」「美犬華子ちゃん」誕生！

　モデルとなったのは、小佐々家に伝わる2匹の小型犬の掛け軸だ。幅広い世代に親しまれるキャラクターを目指している。デザイン決定まで、黒目の大きさや向き、鼻や口のパーツの微妙な配置具合まで徹底してこだわって生まれた。
　華丸たちの犬種、狆(ちん)は、シルクのような長い被毛に丸い眼と短い鼻が特徴的な小型愛玩犬。日本原産と公認されているが、奈良時代かそれより前の時代に大陸から献上された犬が原種といわれる。上流階級に愛された犬種で、「ちいさいいぬ」「ちいぬ」から「ちん」と呼ばれるようになったらしい。部屋の中で飼うから「狆」という国字もできたとか。「義犬華丸くん」の頭頂にある模様は「天星」とも「侍斑」（チョンマゲのようであることから）とも呼ばれて、人気の毛色であったという。

温和で飼いやすい狆

◆たくさんの人に知ってほしい
　　大村市職員　松尾礼子さん

　デザインを担当したのは大村市観光振興課職員である。本書監修者の小佐々学氏と何度も打ち合わせを重ねて、現在の姿になった。
　「皆さんのご協力で、愛嬌のある可愛いキャラクターを誕生させることができとても嬉しいです。今後いろいろな場面で『義犬華丸くん』をPRし、大村のことをたくさんの人に知っていただけるきっかけになったらと思います」

第4章
華丸くん・華子ちゃん
おススメ、おおむらホリデー

おおむらの歴史を味わう

日本最初のキリシタン大名・大村純忠ゆかりの町であるこの地は、キリシタンと関係の深い史跡も数多い。また、大村藩城下町の風情漂う武家屋敷跡をゆっくり散策するのもいい。大村宿と松原宿の痕跡を探しながら、長崎街道を辿る旅はどうだろう。

キリシタン巡礼マップ

❶ 大村純忠終焉の居館跡
領主を退いた純忠が晩年の2年間を過ごした場所

❷ 大村今富のキリシタン墓碑
破壊の難を逃れ現存するキリシタン墓碑。県指定史跡

❹ 首塚跡　❺ 胴塚跡
処刑されたキリシタンが復活することを恐れ、首と胴は離れた場所に葬られた

❸ 帯取殉教地跡
大村で初めて処刑された2人の外国人宣教師の殉教地跡

❻ 天正遣欧少年使節顕彰之像
日本で初めてヨーロッパを公式訪問した少年使節の銅像

❾ 妻子別れの石
受刑者たちが愛する家族と引き裂かれた悲しみの場所

❿ 二城城跡
玖島城ができるまでの大村氏の居城跡。大村純忠が築城

❽ 獄門所跡
受刑者たちの首が見せしめのため20日間さらされた場所

⓫ 鈴田牢跡
外国人宣教師ら30人が5年もの間捕らえられていた牢屋跡

❼ 放虎原殉教地
「郡崩れ」で処刑された406名のうち131名が殉教した地

❶草場小路武家屋敷通り
色彩と造形が美しい五色塀が残る通り

❷旧円融寺庭園
江戸初期様式の枯山水の石庭を残す。国指定名勝

❸旧楠本正隆屋敷
幕末に活躍した大村藩士楠本正隆の屋敷跡。県指定文化財

❹上小路武家屋敷通り
尾ノ上小路、後に省略して上小路と呼ばれた。石垣が残る

❺本小路武家屋敷通り
大手門に通じ、武家屋敷街の本になった通り

❻五教館御成門
大村藩の藩校「五教館」で藩主の出入りに使われた門

❼玖島城跡(大村神社)
初代藩主大村喜前が築いた城の跡。堀に面した石垣は壮観

❽大村藩お船蔵跡
藩主のための船蔵。原形のまま保存されている貴重な遺構

❾寺島
大村家の祖先とされる藤原直澄が上陸した地と伝わる

❿小姓小路武家屋敷通り
殿様の側仕えをした小姓が住んだ。石垣が最も良く残る通り

⓫日向平武家屋敷跡
武家屋敷が並んでいた場所で当時をよく残す中尾元締役旧宅がある

ファミリーで満喫！緑の休日

静かな海を望む大村市は、花の町としても有名だ。郊外に広がる大きな公園施設では、子どもたちや愛犬と一緒に転げ回って過ごすも良し、四季折々の花を愛でるも良し。緑のなかで、贅沢なリフレッシュの時間をもちたい。

のびのび公園マップ

❶長崎空港
世界初の海上空港として昭和50年に開港。空港まで海をつらぬく970mの箕島大橋は、海風を感じる最高のロケーション

著作権所有兼発行者 国土地理院
129.99-32.94-A1-y-20151029-101401-0000

❷森園公園
潮風を感じながら空港や沈む夕日を眺められる公園。12月ごろの夕方が夕日撮影のベストタイミング。飛行機も入れれば最高かも

❸琴平スカイパーク
パラグライダーの名所として有名な標高333mの自然公園。ローラースライダーやパターゴルフ、草ソリなどの遊具も充実

❹裏見の滝自然花苑
シャクナゲ約5種、5800本が4月から5月上旬まで見ごろ。周辺に野岳湖や彼岸花で有名な鉢巻山など様々な施設もある

花弁が多く大きいクシマザクラ

大村公園の花菖蒲

◆花の町・おおむら

　「花の町」としても有名な大村市。自然豊かな広々とした町並みには、四季おりおり様々な花が咲き、名所も多い。大村公園の春は、市の花であるオオムラザクラをはじめ、クシマザクラ、ソメイヨシノなどが咲きこぼれ、初夏には一面の花菖蒲の紫が映える。裏見の滝のシャクナゲは4月から5月にかけて、鉢巻山の彼岸花は9月下旬が見ごろとなる。

❺ 野岳湖公園
周囲3kmの人造湖「野岳湖」を中心にキャンプ場、サイクリングロード、水辺の広場、トリム広場などが整備され一日遊べる

❻ 萱瀬ダム
緑の山々に囲まれたダム周辺に、萱瀬ふれあい広場、萱瀬ダム下公園、萱瀬大橋公園、萱瀬ダム運動公園などが点在している

❼ 郡川砂防公園
郡川上流の黒木渓谷一帯に砂防公園やキャンプ場などが整備されている。夏の砂防公園は子どもたちに大人気の水遊びスポット

食堂、売店も併設の観光案内所

坂道の少ない大村市内は自転車でも快適に移動できる

◆風を感じてぐるり、城下町サイクリング

　大村公園観光案内所では、歴史風情漂う城下町を楽しく回れるよう自転車レンタルもおこなっている。その名も「花ちゃり」。「おおむら桜号」「花菖蒲号」「しゃくなげ号」の3台が準備されている。電動アシスト付きで、坂道のある武家屋敷街も楽チンだ。サイクリング気分で郊外の史跡を回っても、2時間ほどでちょっとした観光ができる。

- ●ご利用時間／9:00〜17:00（最終返却時間）
- ●ご利用料金／2時間まで300円
  　　　　　　　延長1時間につき200円
  　　　　　※保証金2,000円、自転車返却時に返却
  　　　　　※身分証明書を提示ください
- ●定　休　日／水曜日
  　　　　　※花まつり期間（3/25〜6/20）は無休
- ●お問い合わせ／
  　一般社団法人　大村市観光コンベンション協会
  　〒856-0834　長崎県大村市玖島1-45-3
  　TEL:0957-52-3605　FAX:0957-52-3652

付録
おおむら、おみやげガイド

舌鼓！おおむら、うまかもん

戦国時代に起源をもち、酢飯の間に具材を挟んで錦糸卵を乗せた「大村寿司」は有名だが、ほかにも美味しい名物がいろいろある。新しい商品もつぎつぎに生み出され、人気を呼んでいる。

これぞ、おおむらの味
歴史ある定番名物

◆へこはずしおこし
（黒おこし・ピーナツおこし）

約310g（9枚入り×3セット） **1,000円**

殿様に献上した際あまりのうまさに「へこ」（ふんどし）が外れたことに気づかず笑われた、という逸話が残る歴史が深いお菓子

● 問い合わせ：兵児葉寿司おこし本舗
　　　　　　　TEL：0957-55-8453

◆大村寿し
（1人前）×4個セット **3,200円**

戦国時代に起源を持つという、鮮やかな色彩と優しい甘味の押し寿司

● 問い合わせ：有限会社梅ケ枝
　　　　　　　TEL：0120-52-1389

◆塩ゆでピーナツ
1袋500g **1,000円**

素材の風味そのままの素朴な味わい、ビールやお酒のお供や、おやつなどに最適

● 問い合わせ：浦川豆店
　　　　　　　TEL：0957-52-2432

◆**大村まちおこし天正夢カレー**
200g×4個 **2,280円**

大村市特産の黒田五寸人参と大村産の豚肉をじっくり煮込んで、その旨みを存分に引き出した、大村ご当地カレーの決定版

●問い合わせ：長崎街道大村宿カレーマップの会
　　　　　　　TEL：0957-53-2175

◆**大村あま辛黒カレー**
200g×5パック **2,500円**

大村の黒土をイメージして竹炭パウダーを使用、ヘルシーで女性に人気。B-1グランプリにも出展されている

●問い合わせ：レストラン ペーパームーン
　　　　　　　TEL：0957-52-3927

贈答にも最適　おおむら新名物

◆**炭火自家焙煎ドリップバック珈琲**
コーヒー3種類各5個（15個入り）**2,500円**

喫茶店こだわりの自家焙煎を自宅で楽しめる。モカ・マンデリン・ハニーショコラの3種

●問い合わせ：珈琲けやき
　　　　　　　TEL：0957-55-0958

◆**土井ハム「鶯」**

ラックスハム70g、ロースハム70g、スモークベーコン150gブロック、アラビキフランク（2本）220g、焼豚120g、リオナソーセージ70g、各1個（木箱入り）**5,400円**

大正時代にもたらされたドイツハム製法と味を受け継ぎつつ、日本人の味覚や現代のニーズに合わせた逸品

●問い合わせ：有限会社 土井牧場ハム製造所
　　　　　　　TEL：0957-52-4521

お取り寄せ 女子に人気 — 素材にこだわりのスイーツ

◆カマンベールロールケーキ
2本セット **1,960円**

濃厚なカマンベールチーズとバターのコクがポイントの贅沢なロールケーキ。おおむらじげたまグランプリ市長賞受賞商品

◉問い合わせ：SUCRE BOIS　シュクルボワ
　　　　　　TEL：0957-52-3160

◆おむらんちゃんのおやつ
10個入 **1,800円**

油で揚げていないヘルシーな焼きドーナツ。桜・ゴマ・ハチミツ・抹茶・バニラの5種類の味が楽しめる

◉問い合わせ：SUCRE BOIS　シュクルボワ
　　　　　　TEL：0957-52-3160

◆大又農園
　野の実の手作りアップルパイ
直径23cm **4,000円**

野岳湖のほとりの大又農園で元気に育ったりんごで作った、大人気のアップルパイ

◉問い合わせ：大又農園　野の実
　　　　　　TEL：0957-55-4588

◆おむらん月餅
8個入り **1,400円**

長崎県産のざぼんとフルーツミックス味の風味豊かな味わいが特徴の美味しい月餅。
大村市のキャラ「おむらんちゃん」も可愛い

◉問い合わせ：社会福祉法人　三彩の里
　　　　　　TEL：0957-55-8833

② 古くて新しい、おおむら工芸

穏やかな大村湾は、美しい真珠が育つのに絶好の環境。古来真珠の名産地として知られている。平安時代から技術が継承されている「松原鎌・包丁」も、おおむらを語るうえで外せない名品だ。

伝統技と最新技術の融合
自分だけの「とくべつ」を

◆ 男の包丁「彩雲」
  刃渡り：230mm・柄長さ：140mm・全長：380mm・重量：320g
54,000円

500年の歴史を継承する田中鎌工業の職人の手による最高の和包丁。包丁・刃物は「神聖なもの・縁起のよいもの」として贈答品にも

● 問い合わせ：田中鎌工業有限会社
　　　　　　　TEL：0957-55-8551

◆ パールペンダント（ダイヤ付）
  アコヤ真珠　セミラウンド8mm、ダイヤ　0.01ct、
  台・チェーンともにk18ホワイトゴールド
48,000円

日本産アコヤ真珠の特徴は、真珠を形成している真珠層の透明度の高いこと。ちょっぴり涙型のパールがあなたの胸元をエレガントに演出する

● 問い合わせ：パールハイム
　　　　　　　TEL：0957-53-6709

◆ 長崎三彩　サギ型花瓶
  高さ270mm×直径110mm　**4,860円**

江戸時代に大村藩に伝わった三彩焼。流れるような色合いはひとつとして同じものはない

● 問い合わせ：社会福祉法人　三彩の里
　　　　　　　TEL：0957-55-8833

インターネット通販ショップ
そらえきおおむら

　大村市の特産品を集めた、インターネット通信販売ショップ「そらえきおおむら」。自宅にいながら、さまざまな商品を取り寄せることができる。本誌掲載品も取り扱っている。電話での注文も可能

「そらえきおおむら」（大村市物産振興協会）
TEL/FAX：0957-54-7637
HP：www.soraeki.com

監修者プロフィール

小佐々　学（こざさ　まなぶ）

昭和15年1月1日東京都渋谷区生まれ。獣医師・獣医学博士。東京大学大学院獣医学専攻課程修了後、米国・欧州・日本の動物薬品業界で研究開発部門を担当。獣医大学で獣医史学を講義して獣医史学の教科書を執筆。現在、日本獣医史学会理事長。獣医史学者。

天正遣欧少年使節「福者・中浦ジュリアン」子孫。日本家系図学会常務理事、日仏獣医学会監事、日本城郭史学会長崎支部長、長崎県人クラブ理事、日本ルネサンス音楽普及協会名誉会員、大村史談会名誉会員。さいたま市在住。

義犬華丸ものがたり

発　行　日	初版 2016年2月5日
監　修　人	小佐々　学
発　行　人	柴田　義孝
編　集　人	堀　憲昭
発　行　所	株式会社 長崎文献社 〒850-0057 長崎市大黒町3-1　長崎交通産業ビル5階 TEL. 095-823-5247　FAX. 095-823-5252 ホームページ http://www.e-bunken.com
印　刷　所	オムロプリント株式会社

©2016 Nagasaki Bunkensha, Printed in Japan
ISBN978-4-88851-253-4 C0023

◇無断転載、複写を禁じます。
◇定価は表紙に掲載しています。
◇乱丁、落丁本は発行所宛にお送りください。送料当方負担でお取り換えします。

本経寺

国史跡　大村家墓碑群

住職　佐古　亮景

〒856-0822
長崎県大村市古町1丁目64番地
TEL 0957-53-5510

NAGASAKI INTERNATIONAL HOTEL

美犬華子ちゃん

義犬華丸くん

大村「義犬華丸」宿泊プラン
シングル：**9,500**円
ツイン：**7,500**円（お一人様）
※お一人様料金・サービス料・税金込
・室料 ・「義犬華丸ものがたり」本のプレゼント ・オリジナルホテルギフト券
※ホテルギフト券は、ホテル館内レストラン・ホテル指定のタクシーにご利用いただけます。

大村「美犬華子」宿泊プラン
シングル：**9,700**円
ツイン：**7,700**円（お一人様）
※お一人様料金・サービス料・税金込
・室料 ・「義犬華丸ものがたり」本のプレゼント ・朝食（フレッシュサラダとフレンチトースト又は、パンケーキ） ・大村温泉「ゆの華」入浴券付、送迎有
※定時運行となりますので、詳しくはフロントにおたずねください。

「義犬華丸」石像がある本経寺までの送迎付宿泊プラン
シングル：**10,800**円
ツイン：**8,800**円（お一人様）
※お一人様料金・サービス料・税金込
・室料 ・「義犬華丸ものがたり」本のプレゼント ・本経寺までの送迎付（タクシー利用）
・朝食（和定食または洋定食）

長崎インターナショナルホテル
〒856-0827 大村市水主町1丁目973番地1　TEL.0957-52-1111（代）
[Eメール] info@ninh.co.jp　[HPアドレス] http://www.ninh.co.jp

G.S.エレテック

明るく
仲良く
元気よく

㈱ジーエスエレテック九州
長崎県大村市雄ヶ原町147-31
☎ 0957（46）9050

日本の才能をあなたへ、そして世界へ

広告材料発見市場 CREATORS' DEBUT

オムロプリント株式会社

本　社／〒856-0016 長崎県大村市原町84-3
TEL.0957-54-7000　FAX.0957-54-9588
ハウステンボス営業所／〒859-3243 佐世保市ハウステンボス町4-3
TEL.0956-58-2141　FAX.0956-58-5363
東京営業所／〒104-0061 東京都中央区銀座8丁目9-16 長崎センタービル6F
TEL&FAX.03-3289-7474

長崎空港ビルディング株式会社は
「おいしい．あたたかい．選ばれる空港」を目指しています

長崎県の優れた産物と食文化にこだわったメニューが揃っています

家族団らん、ご友人、ビジネスなど
様々なシーンでご利用いただけます。
お食事は、長崎空港でどうぞ。

レストラン「エアポート」　鮨どころ「しょうぶ」　五島うどん「つばき」　中華レストラン「牡丹」

県下最大級の品揃え

お土産・贈り物・長崎県の
特産品のご購入は
長崎空港でどうぞ。

【お問合せ】
0957-52-5551
（ショッピングモール課）

すべてのお客様にとって使いやすい優しい空港を目指しています

・空港コンシェルジュの配置
・サービス介助士認定社員81名
・普通救命講習を全社員が受講
・全館バリアフリー化

ご旅行もNABICで

大会遠征、団体予約も承ります。
お問合わせはナビック旅行センターへ。

NABIC 長崎旅行センター
TEL:095-833-2111

　地域の皆様から選ばれる空港へ「おいしい．あたたかい．」長崎空港